새로운
공공건축
작품집

하 랑
도서출판

새로운 공공건축 작품집

발행일 : 2025년 09월 01일
출판사 : 하랑출판
주   소 : 서울시 중구 퇴계로28길 8
전   화 : 02-2263-3337

CONTENTS

카레 드 아트
Carre D'Art

노만 포스터의 건축사고방식

노만 포스터(Norman Foster)

개 요

1935년에 영국 맨처스터에서 태어난 노만 포스터는 대학에 진학할 때만 해도 건축가가 될 생각은 없었다고 한다. 21세에 이르러서야 맨체스터 시청에 있던 시티 트레저의 사무실에서 건축공부를 시작한 포스터는 예일 대학에서 학생신분으로 만난 리처드 로저스와 함께 세르게이 체르마이에프의 지도 하에서 디자인 과정을 배웠으며, 루이스 칸의 영향도 받았다. 학교를 졸업한 후 포스터는 미국에서 잠시 활동을 하다 영국으로 돌아왔다. 1963년 로저스와 함께 설립한 그룹 〈Team 4〉는 1967년까지 활동을 하게 된다. 당시 영국에서는 오랜 기간의 불황이 끝나고 경기호황이 도래했으며, 영국사회를 짓누르던 계급차별이나 전통적 가치, 규범이 의문시되면서 본격적인 자유의 시대를 맞이하게 되었다. 당시 전통이라는 말은 경멸의 표현이었으며, 새로운 사회 분위기와 새로운 사회질서의 변화로 건축에서도 역시 격심한 변화의 바람이 불고 있었다. 1967년 팀의 해체 이후 포스터는 자신의 부인과 함께 Foster Associate를 차리고 마이클 홉킨스와 협동설계를 진행하였다.

포스터에게 있어 1970년대는 상당한 호황기였다. 이 시기에 포스터는 리차드 로저스와 마찬가지로 작은 스튜디오를 대규모 설계 조직으로 확대하였는데, 1975년까지는 작은 규모의 프로젝트를 진행하면서 건축실무상의 오랜 투쟁을 지속했다. 렌조 피아노와 리차드 로저스 등이 급진적인 기술을 실험하는 등 국제적인 많은 현상설계에 참여하게 된 반면, 노만 포스터는 작은 규모의 오피스, 주택, 상점, 공장들을 건축하면서 자신의 사상을 고집스럽게 유지하였다. 그는 평범한 산업건물의 재료들을 교묘하게 처리하여 보석같은 재료로 변화시켰으며 대학에 있으면서도 틈틈이 시청 같은 큰 프로젝트에 참여하면서 디자인을 발전시켜 나가게 된다. 〈Team 4〉 이후, 포스터에게 맡겨진 중요한 일 중 하나는 런던의 독크랜드에 있는 〈올슨 선박터미널〉이었다. 이 프로젝트에서 그는 영국에 있어 오래된 고질병인 블루칼라 노동자들과 화이트칼라 노동자들 모두를 충족

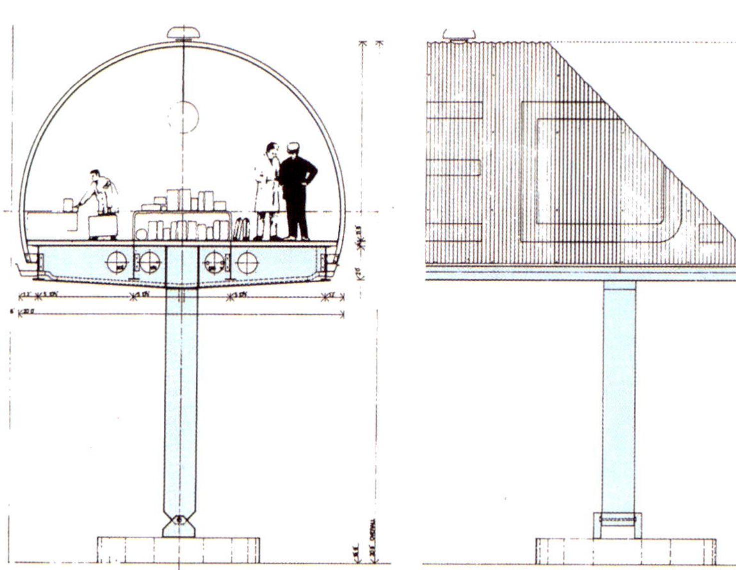

1

2

시키는 기본적인 문명화된 태도를 견지했다. 당시 포스터는 "우리는 우선 화이트칼라와 블루칼라를 구분 짓는 입구부터 깨트리기로 했다"고 말하고 있다. 〈올슨 선박터미널〉의 성공은 이전의 항구를 다시 소생시킨 것에서 기인하고 있다. 이 프로젝트 덕분에 포스터는 1982년 대규모의 〈올슨 본사 건물〉을 설계하는 기회를 갖게되었다.

포스터는 기술이 완벽한 건축유형을 건축가들에게 제공하리라고 굳게 믿고 있었다. 1968년에는 급격히 쇠락해가는 허트포트사의 컴퓨터 회사를 버블 구조를 사용하여 해결한다. 1975년 포스터는 기술적인 기교 이상의 그 무엇을 증명할 새로운 기회를 갖게 되는데, 보험중계회사인 Willis, Faber & Dumas는 포스터에게 입스위치의 새로운 사옥의 설계를 의뢰한다. 입스위치라는 곳은 한때 지역적인 전통의 보존으로 풍부한 잠재력을 보여주었던 곳으로 전후 파괴적인 상황에 놓여 있었다. 그 결과 낮은 사무소군과 환상도로로 이루어진 진부한 건축은 장소의 감각을 잃고 말았다. 그 해결책으로 포스터는 미스의 베를린 마천루계획안(1921)을 연상시키는 검은 유리건물을 불규칙한 형상의 대지에 과감하게 끼워놓았다. 이음매가 없는 주름진 유리면은 입스위치의 분위기를 암시한다. 이 작품을 계기로 포스터는 대규모의 도시문제에 도전하게 되었다. 그의 런던의 햄머스미스 계획안은 이후의 도시계획에 커다란 영향을 미쳤다. 특히 〈BBC 라디오 방송국〉이나 〈홍콩 상하이 뱅크〉 등은 기존이 것과 전혀 다른 상이한 방식으로 상상력을 발휘하여 접근한 것이다. 1977년에 완성한 〈세인즈베리 센터〉는 도시계획적 방법을 통한 우회적인 접근법을 사용하였다. 그 중, 〈홍콩 상하이 뱅크 본사〉의 설계를 의뢰받은 포스터는 그의 생애 가장 도전적인 마천루의 원형을 만들기 위해 사무소를 크게 확장하기도 하였다.

포 스 터 의 역 사 관

포스터의 역사관은 과거에 대한 그의 자세에서 기인한다. 과거에 대한 그의 관심은 의미와 계획에 대한 아카데믹한 관점과는 매우 무관하다. 그는 한때 "사람들은 무조건 건물이 아름다워야 한다"고 믿는 것에 불만을

3

카레 드 아트

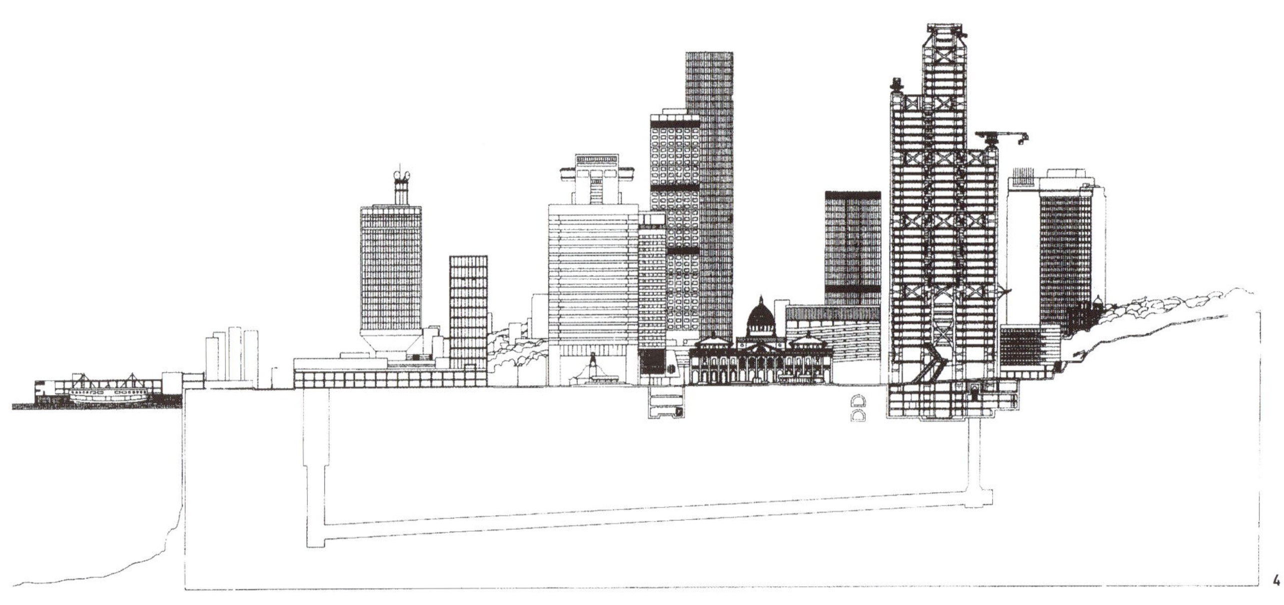

토로한 적이 있다. 포스터의 역사관은 다만 일련의 프로젝트에 대한 본능적인 대응일 뿐이다. 예를 들어, 프랑스 남부 님(Nime)에 있는 〈카레 드 아트〉는 과거 로마 식민지였던 이 지방에 건설된 광장의 메종 카레 신전 맞은 편에 위치하고 있다. 여기서 이 건물은 주변의 역사적 건물 내지는 장소성에 있어 전혀 영향을 받고 있지 않은 듯이 보이는 반면, 실의 구성이나 전체 건물의 구성은 이 지역의 역사성에 상당히 밀접히 연관되어 있음을 볼 수 있다. 즉, 전면부의 구성은 광장의 연장선상에서 계획되어 있으며 1층과 지하층의 보이드는 이러한 광장의 시각적 연장을 의도하여 만든 것이다. 그리고 야간에 볼 수 있는 전체적인 분위기는 메종 카레 신전의 분위기와 상당히 유사한 인상을 부여하고 있음을 잘 알 수 있다.

반면, 포스터의 런던 사무실에는 에펠탑이나 포스 브리지, 루너 모듈 등의 공학적인 미를 자랑하는 사진들이 가득 채워져 있다. 또한 벅민스터 풀러가 죽기 직전에 같이 만들었던 모형도 전시되어 있다. 이 모형은 다이막시온 주택을 발전시킨 자율적인 주택으로 이중의 외피가 씌워진 돔이다. 포스터도 과거 유행하던 포스트모더니즘 건축을 감지하고 있었지만 그것을 "어른들을 위한 개인적인 놀이"에 불과한 것으로 치부한다. 그는 포스트모더니즘 건축에 관한 논쟁을 다음과 같이 신중하게 정의한다.

"그것은 건축의 어떤 양상에 대해 명백한 의문을 제기한다. 나는 이 논쟁이 양립할 수 없는 것이라고는 보지 않는다. 그것은 오히려 모방 작품의 범람을 막으면서 풍부하고 다양한 기회를 제공할 수도 있다."

이 같은 설명이 당시 지도적인 모더니스트인 포스터의 입에서 나온 말이라는 점은 중요한 것이다. 포스터에게 있어 조셉 팩스톤의 수정궁은 19세기의 중요한 업적에 속한다. 또한 콘라드 왁스만, 찰스 임즈, 장 푸르베, 벅민스터 풀러와 같은 20세기의 거장들의 영향을 지적하고 있다. 그들로부터 포스터는 유용성과 투명성을 함께 갖춘 경량건축에 대한 열정을 배웠다.

6

7

8

9

카레 드 아트

포스터가 좋아하는 작품들은 주로 쥬세페 멘고니의 갈레리아, 데시무스 버튼의 팝 하우스, LA의 브래리베리 빌 등이다. 이러한 건축물들은 대개 정통적인 모더니즘의 본류에서 벗어나는 것들이었다. 그 작품들의 거대한 단일 볼륨의 공간은 포스터에게 중요한 영향을 미쳤다. 더구나 그들은 각기 독립된 개성의 발명자들이었다. 건축계의 주요 흐름이 포스트모더니즘으로 대체되기 시작했을 때 포스터는 그것과 초연한 채 독자적인 노선을 걷기 시작한 것이었다.

포스터의 건축적 특성

특히 포스터는 새로운 재료를 이용해 건물의 질감뿐 아니라 그곳에 고도의 에너지를 불어넣는 수법을 즐겨 사용하였다. 이들 재료들은 포스터에게 실내공간 구성의 융통성과 구조적인 스판의 확장과 같은 기술적 장점들을 제공해주고 있다. 동시에 포스터는 건물이 어떻게 보여져야 한다는 모든 선입견을 버리고 자유로운 태도를 고집했다.

또한 "연출"은 포스터의 가장 일관된 목표였다. 그는 특히 벅민스터 풀러의 공상적인 태도로부터 충격을 받았다. 풀러는 당시, "당신의 건물은 무게가 얼마나 나가는가?"라는 당혹스런 질문을 건축가들에게 던졌다고 한다. 즉, 무거운 건물은 긴 스판을 필요로 한다. 소위 "고도의 연출"을 배려하기 위해서는 그만큼 많은 기술적 요구들의 해결이 요구된다. 포스터는 전통적인 관점을 벗어난 위치에서 자의식적인 미학적, 정신적 감각성에 의문을 제기했다. 그는 그 어떤 건축가들보다도 공학적인 발명자를 중시하는 영국의 전통에 잘 어울리

는 건축가이다. 다만, 그에게 있어서 미학은 외부를 애워싸는 보호막의 역할을 한다.

포스터는 사무소 초기에 팀웍과 효율성을 무시하는 한이 있더라도 첨단의 기술을 사용하여 전능한 과학자가 되기를 희망했다. 그는 1972년 〈Architecural Design〉지에서 "높은 질의 혁신을 이루기 위해서는 단가조정 과 프로그램 분야를 잘 취급해야 한다. 기술분야의 증진을 위해서는 디자인을 팀 작업으로 수행해야 한다." 고 주장했다. 이처럼 기술지향주의 건축가인 포스터는 1960년대에서 1970년대로 넘어오면서 건축을 예술로 서보다는 기술분야로 간주하게 되어 보다 증폭적인 힘을 갖게 된다. 그러면서 건축가들은 그들 디자인의 체 계적인 접근방법을 컴퓨터로부터 얻기 시작했다.

물론 이러한 포스터의 개성적인 작업 내부에는 선배들의 영향이 자리잡고 있다. 포스터의 〈Modern Art Glass 공장〉(1973)에서 나타나는 전면 유리의 박공벽, 이음새 없는 둥근 처마, 판재 외피 등은 1914년의 독 일공작연맹 전시회에 등장한 바 있는 그로피우스와 마이어의 〈모델 공장〉을 연상시킨다. 포스터 최초의 사무 소 건물인 하반트의 〈IBM 사옥〉은 임즈와 엘우드의 경량구조물과 유사하다. 또한 〈Willis, Faber & Dumas 사옥〉 역시 미스의 환상적인 사상의 영향을 여실히 반영하고 있다. 더욱이, 에스컬레이터가 설치된 도넛 모 양의 옥상테라스와 순환체계를 위한 에스컬레이터의 대담한 사용, 그리고 속이 빈 단면 등은 1970년 작품인 장 푸루베의 〈파리 교육성〉에서 영향을 받은 바 크다. 여기에는 물론 르 꼬르뷔제의 수직 도시의 사상도 은 연중에 담겨져 있는 것이다.

LA PART DE L'AUTRE
18 mai · 15 septembre
CARRE D'ART

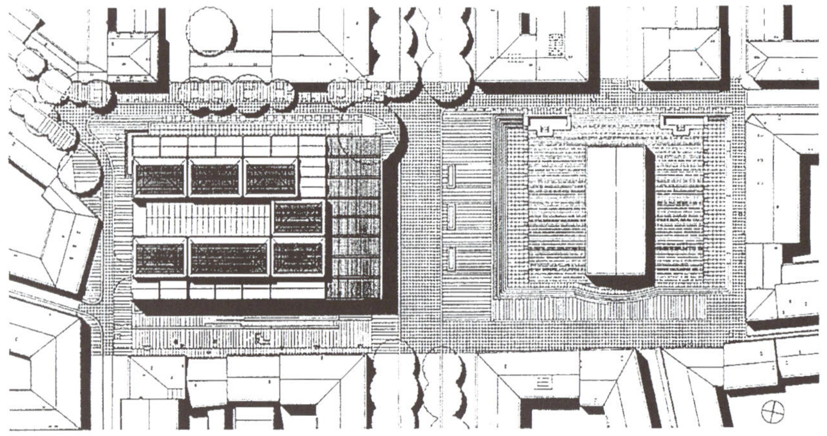

배치도

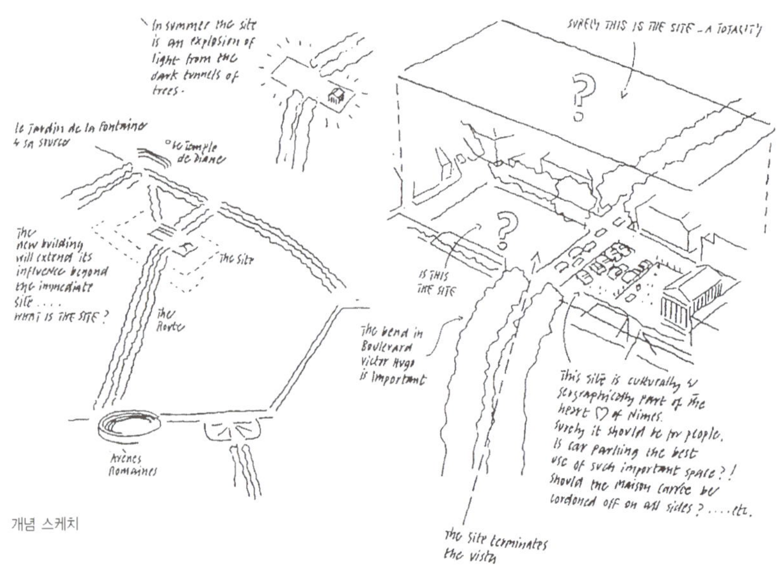

In summer the site is an explosion of light from the dark tunnels of trees.
SURELY THIS IS THE SITE - A TOTALITY
le jardin de la fontaine & sa source
le Temple de Diane
The new building will extend its influence beyond the immediate site....
WHAT IS THE SITE?
the Route
the bend in Boulevard Victor Hugo is important
IS THIS THE SITE
The Site
Arènes Romaines
This site is culturally & geographically part of the heart of Nimes. Surely it should be for people. Is car parking the best use of such important space?! Should the Maison Carrée be cordoned off on all sides?....etc.
the site terminates the vista

개념 스케치

전체 스케치

LA PART DE L'AUTRE
18 mai – 15 septembre
RE D'ART

과학센터 "뉴 메트로폴리스"
Science Center "New Metropolis"

렌조 피아노와의 대담

비평 : 무엇보다 먼저, 당신은 자주 "건축 만들기(Making of Architecture)"라는 말을 사용하는데, 당신의 프로젝트에서 "건축 만들기(Making of Architecture)"에 대해 말해 주시겠습니까 ?

RP : 예를 들어, 노메아(Noumea)에서의 프로젝트의 경우, 특수한 프로젝트라고 부를만한 몇 가지의 이유가 있습니다. 나는 태평양의 한가운데의 매우 멀리 떨어진 지역에서의 "건축 만들기"에 대단한 매력을 느꼈기 때문에 이 공모에 참가하기로 했습니다. 일종의 모험과 같은 기분이 들었습니다. 그리고, 공모에 앞서 나는 인류학자로 오랫동안 카나크 문화에 대해 연구해온 인물인 알밴 벤사 씨와 만났습니다. 그와의 대화를 통해, 먼 태평양 지역에서 일을 할 수 있다는 것이 나 자신의 여러 가지 흥미, 특히 "가벼움"이라는 것에 대한 흥미와 부합한다는 것을 깨달았습니다. 태평양 지역, 혹은 환태평양으로 불리는 장소는 "가벼움"과 "제스추어 (gesture)의 반복"에 의해 특색 지을 수 있는 문화권이라고 나는 생각하고 있습니다. 이것은 일본이나 한국을 포함한 태평양 지역이나 환태평양권의 많은 나라에서도 일치하고 있는 것입니다. 이와 마찬가지로 찰스 에임스(Charles Eames), 리차드 노이트라(Richard Neutra)의 사례 주택 연구 등, "가벼움"의 비실질성에 관한 그들의 감성을 생각해 보면 그것은 미국의 서해안 지역에 대해서도 마찬가지라 할 수 있겠지요. 오랫동안 유럽과 보다 친밀한 역사를 지니고 있는 동해안 지역의 문화와 서해안 지역은 완전히 다릅니다.

나의 일은 최초의 실험 단계로부터, "가벼움"과 "물건 놓는 방법"에 대해 깊게 관련되어 왔습니다. 그것은 본질을 밖으로 끄집어내려고 하는 근원적인 시도의 하나였습니다. 말하자면, 그것은 순진한 꿈과 같은 일입니다만 그것이 시작이었습니다. 그리고 일을 계속해 가는 동안에 아주 많은 미묘한 요소, 예를 들어 투명성이라든지, 자연광에 관한 일이라든지, 빛의 진동이라는 것이 이 "가벼움"에 관련되어 있다는 것을 알게 되었습니다. 이러한 것이 대단히 중요하였던 것입니다. 그러한 이유로, 나는 이 설계 경기를 알았을 때 벤사 씨를 만나러 갔던 것입니다. 그리고 둘이서 카나크인의 인류학에 대해 이야기를 주고받는 동안에 이것이 충분히 로빈슨 크루소적인 일이 될 수 있다고 생각하였습니다.

비평 : 실제로 일은 어땠습니까?

RP : 사람이 어떤 것을 실험할 수 있거나 답사할 수 있다는 것은 좋은 일이라고 말할 수 있습니다. 나는 일찍이 유네스코와 협력해서 아프리카의 세네갈 대통령인 센고르씨와 함께 일을 했던 경험이 있는데, 거의 1년 간 우리는 세네갈의 주택 공급 시스템의 개선에 종사했습니다. 거기서 내가 얻은 경험은 매우 소중한 것이었습니다. 예를 들어, 아프리카나 다른 개발 도상에 있는 나라들에 있어 근대화의 열정이 매우 강한데, 가끔 그것이 너무 강해 전통마저도 붕괴되기도 한다는 것과, 그러한 장소에서의 복잡하고 이해하기 어렵고 혼잡해하는 사람들의 심리적 입장이 있다는 것을 이해하기 시작했습니다. 때때로, 우리는 포기하지 않으면 안 되는 일도 있었습니다. 우리가 포기해야만 했던 것은 사람들이 전통적인 시스템에 의한 주택 건축에 분명히 흥미를 지니고 있지 않았다는 것입니다. 그들은 권력이나 근대화를 표현을 하기 위해서 콘크리트나 스파이럴 스틸 등을 이용하는 것에 가장 흥미가 있었습니다. 그러한 자재가 그들에게 있어서의 근대화의 참된 표현법이기 때문입니다.

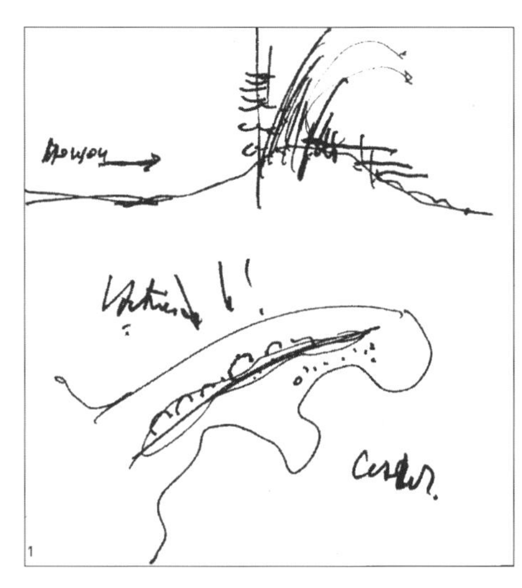

비평 : 그것은 개발 도상국의 전체 현상이라고 생각됩니다만….

RP : 전형적인 현상이라고 할 수 있겠지요. 내가 이 이야기를 한 것은 비판하고 싶기 때문이 아니라, 이것이 가장 기본적인 모순된 구조 현상이라고 생각하기 때문입니다. 전통이나 역사적인 것에 대한 애착이 존재하는 것과 동시에, 매우 강한 근대화에의 열망이나 빨리 다른 세계의 사람들과 같이 되고 싶다는 생각이 존재해서 대단히 극적인 상황을 구성하고 있다는 것입니다.

비평: 그러한 경우, 건축이 뭔가 도움이 됩니까? 그렇지 않다면 그에 관계없이 다만 존재하는 것입니까?

RP : 매우 좋은 질문입니다. 즉, 이러한 모순을 포괄한 조건 하에서의 "건축 만들기(Making of Architecture)"는 복잡하긴 해도 불가능하지 않다는 점이 중요합니다. 그리고 그것은 해결 가능한 해결 방법의 시작인 것입니다. New Caledonia와 같은 나라에서는 이 점에 관해서 아프리카의 나라들과는 다르게 매우 문화적으로 세련된 서구 문화가 있는데, 그것이 긴 시간에 걸쳐 헌지에 뿌리내린 문화를 계속해서 파괴하고 있기 때문입니다. 카나크 사람들은 그것을 피부로 느끼고, 그 경험 속에서 살아 온 사람들입니다. 매우 역설적입니다만, 그들은 카나크인이라는 한 면을 가지고 폭넓은 과거 속에서 살려고 하면서도 한편으로는 근대인으로서의 자신들에 대한 자부심을 가지고 있습니다. 이것은 매우 뿌리깊은 모순이며 이 모순의 존재가 모험을 더욱 재미있게 하는 것입니다. 내가 아프리카의 경험을 이야기한 것은 그들이(New Caledonia의 사람들과) 같다라는 것이 아니라, 사람이 어떤 다른 상황 하에 놓여져 일을 하려고 할 때 단지 건축가라는 입장만은 아니다라는 말을 하고 싶었습니다. 우리는 선진국에 속한 사람들이며, 세계 각지에 일어나고 있는 사상이나 문화가 사라지고 있다는 비극의 문법(Grammar)을 어떻게든 이해해야 하는 입장에 있습니다. 그럴 경우, 무엇을 이루어야 할 까요? 파리에서의 개인적인 문화 체험을 가지고 그 나라로 가서 자신의 건축을 낙하산과 같이 낙하시키는 것일까요. 아니면, 상대의 문화를 흡수해서 표현해야 하는 것일까요.

전자에 관해서는 비교적 간단하게 "그것은 잘못이다"라고 말할 수 있겠지요. 그러나, 후자에 관해서도 그것은 잘못입니다. 만약 사람이 자기 자신이 문화을 잊어버리면, 왜 그 일을 해야 하는가를 의미하는 것이기 때문입니다. 즉, 사람은 자신의 축적된 자본과 함께 이동하기 때문에 단지 상대에 맞추는 일은 불가능합니다. 이것은 매우 섬세한 논점이지요. 원래, 우리가 발전해 나가길 바라는 그 생각 자체가 기적과 같은 것입니다. 그럼 그대로가 좋은 것인지 거론하면 자신은 없습니다만. 지금의 상황은, 2개의 사상(事象)이 있다고 해도 좋습니다. 그 하나는 근대주의로, 우리가 불륨 공간이나 전시 스페이스, 오피스 빌딩을 만들듯이, 오늘날의 기술이나 예술을 가지고 근대적인 방법으로 보다 좋은 것을 만들기 위한 포괄력입니다. 그리고 또 다른 하나는 카나크의 역사 속에서, 그들의 삶의 방법에 대한 비전을 구성하는 요소를 충분히 살리려고 하는 것입니다. 그런데 이 프로젝트에 대해 말하면, 먼저 노메아(Noumea)의 건물은 건물이 아니고 촌락이라고 말할 수 있습니다. 이 건물은 하나의 단일 블록이 아니라, 실제로는 촌락의 양상을 나타내고 있습니다. 이 마을에는 No.1, No.2, No.3이 있어, 이 3개의 영역이 도로에 의해 결합됩니다. 이 길은 약 200m의 길이로, 보호되고 있는 듯 하면서도, 해방되고 있는 듯 합니다. 그리고 이 길을 따라 걸으면 사람은 예술이나 독서 그리고 무용 등과 같은 것을 체험하게 됩니다. 여기서, 사소한 일 같습니다만, 말해 두고 싶은 것이 있습니다. 카나크 문화는 주로, (미크로네시아에서 보여지는 원주민의 문화, 혹은 태평양의 문화와 같이) 비물질적인 것에 결합되어 있습니다. 그들은 거의 예술 작품이라는 형태의 것은 남겨놓지 않습니다. 물론 그들은, 목조로 예를 들어, 가

과학센터 "뉴 메트로폴리스"

옥 등에 매우 아름다운 조각을 하는 일도 있습니다만, 전반적으로 그들의 중요한 예술 표현은 무용이나 노래, 움직임이나 행위에 의해 이루어집니다. 따라서, 우리가 여기서 전개한 것은 야외극장이나 옥내 극장과 같은 다른 기능을 가진 복수의 시설입니다. 춤을 위해서는 매우 작은 공간을 이용해 연기할 수 있습니다. 다른 시설은, 예술도 포함한 여러 가지 일에 대해 독서하거나 조사하거나 기록하거나 하는 장소도 있습니다. 이 첫째 요소 예술이 중요한 역할을 담당하고 있기 때문입니다. 어떤 사람은 이 건물이, 노메아(Noumea)나 뉴 칼레도니아(New Caledonia)에는 너무 크다고 할지도 모릅니다만 이 건물은 뉴 칼레도니아(New Caledonia)만을 위해 존재하는 것이 아니라, 태평양 문화권 모두의 것입니다. 태평양 문화권 전반을 봐도, 타히티에 있는 문화인류학과 자연과학 박물관 이외의 문화 센터라고 부를 수 있는 것은 없습니다. 그렇게 생각하면, 이것은 오히려 작은 것입니다. 따라서 태평양 전체의 스케일로 생각하기를 바랍니다.

비평 : 당신은 지금, 어떠한 형태도 없는 매우 비물질적 것을 취급하고 있다고 했습니다만, 그러면 어떻게 그 형상을 만들었습니까?

RP : 형상이라….

비평 : 어제 강의 내용 중에서 당신은 카나크 문화를 모방한 것은 아니다 라고 말했습니다만….

RP : 거기에 대답하기 전에 한 가지 이야기해 두고 싶습니다. 이 부지는 매우 아름다운 장소입니다. 나는 이 땅을 처음 보았을 때, 여기에는 굳이 손대선 안 된다는 생각에 들었습니다. 그만큼 아름다운 곳입니다. 태평양을 눈앞에 두고 있는 완벽한 장소라고 해도 좋을 정도입니다. 형태는 이곳의 지세로부터 나온 것입니다. 그 자체가 카나크류(流)이기도 합니다. 사람은 토지에 건물을 짓지 그 반대로 하지는 않습니다. 즉 사람은 건물에 토지를 맞추지는 않습니다. 토지에 건물을 맞추어 가게 됩니다.

비평 : 건물이 지세(topography)의 일부가 된다는 것입니까?

RP : 그렇습니다. 이것은 지세(topography)의 일부입니다. 내가 여기 단면을 그릴 때, 여기에 바다가 있고 섬이 있고 산호초가 있습니다. 따라서, 처음 스케치에서는 이런 건물로 해야지 라든가 여기에는 조용한 공간

을 마련해야지 라든가 산호초의 이 부분에는 나무를 심어서 멀리서 보았을 때 건물과 자연과의 경계를 알지 못하게 해야지 등을 서로 이야기했습니다. 그리고, 여기에서는 거의 90%는 몬순(계절풍)이 부는데 여기가 길목이기 때문에 이쪽으로 바람이 불어옵니다. 건물은 돛과 같은 형상을 하고 있는데, 그렇게 함으로써 공기압을 낮출 수가 있습니다. 이처럼, 이 건물은 기능을 완수합니다. 즉, 이 건물의 형상은 전체적으로 산호초의 조건으로부터 만들어졌다고 할 수 있겠지요. 부지는 반도로서 이 부분에는 나무가 없고 나무가 있는 곳은 이 부분뿐입니다. 이 곳의 지세가 우리의 생각을 매우 빠르게 이러한 형태가 되도록 추진해 갔습니다. 이것은 카나크의 방식을 모방하고 있는 것이 아니라 카나크 문화를 받아들이고 있을 뿐입니다. 단지 대지의 해석을 한다기보다는 그 토지로부터 있는 것을 낳으려는 수법인 것입니다.

비평: 그렇게 해서, 지세 그 자체가 완전한 것으로 성장해 가는 것이군요.

RP : 이것은 항상 내가 줄 곧 느껴 온 것입니다만, 어떤 장소에도 지니우스 로키(Genius Loci, 토지신)가 있습니다. 카나크 문화에서는 그것이 좀더 진실이 되고 있습니다. 따라서, 부지는 이미 건물이며 건물은 부지의 연장입니다. 그리고나서, 이것저것 건물의 엘리먼트에 대해 생각하기 시작해서 이 지역의 나무의 유연성을 이용한 목조의 집을 만드는 방법을 보려고 마을들을 돌아보았습니다. 거기서 내가 알 수 있었던 것은, 그것은 단지 실용적인 것만이 아니며 또한 사람을 위한 쉘터 만도 아니다라는 것입니다. 어떤 원시적인 문화에서도 볼 수 있는 현상입니다만, 그들의 쉘터는 결코 기술적이고 실용적인 것만은 아니며 상징적인 요소가 매우 강합니다. "지위"의 심볼이자, "아름다움", "우아함" 혹은 "가벼움" 등을 상징합니다. 그리고 때에 따라서는 "권력"이나 또 다른 요소가 되고 있기는 해도, 카나크의 경우에는 권력을 나타낸다는 일은 없었습니다. 카나크의 문화에서는 건물이 힘을 나타내는 일은 결코 없습니다. 건물은 "우아함"이나 "가벼움" 그리고 "자연관"을 나타냅니다. 그러니까 우리가 거기서 하려 했던 것은 모방이 아니라 오히려 카나크 문화에 의해 고쳐되고 그리고 때에 따라서는 흡수된 결과, 단지 사람에 관련되는 무엇인가로부터 굳이 변형시키려는 행위인 것입니다. 지금 여기서 말하고자 하는 것은 나에게 있어 매우 본질적인 일입니다. 그것은 포스트모던이나 하이테크 건축이 어떻다 라고 하는 그런 시시한 논의와도 관련되는 것이기 때문입니다. 즉, 나는 포스트모던은 진정한

과학센터 "뉴 메트로폴리스"

의미로 재미있게 지어질 수 없다는 생각이 마음속 깊이 자리 잡고 있습니다. 그것들은 기억에 깊이 새겨지지는 않습니다. 단지 형태를 취해, 복사하고 있을 뿐입니다. 그 자체가 재미있는 조작이라고도 말하기 어렵습니다. 매우 수동적인 조작으로, 꽤 학술적인 수법이라고는 말할 수 있겠지요. 그것보다 바람직한 것은 사람들의 창조하는 힘을 침투시키려 하는 것입니다. 그리고 사람들의 창조하려는 행위 그 자체를 거두어들인 결과나 그 결과에 의해 나타난 형태만을 취하려는 것은 아닙니다.

비평 : 그렇지만, 그 행위, 그 제스처는.

RP : 예, 제스처, 과정, 태도입니다. 어떤 의미로 여기서의 형태는 기후를 포함한 몇 개의 사상(事象)이 관련되어 태어났다고도 말할 수 있습니다. 이것은 바람이나 미풍에 의해, 건물에 자연과 호흡시키려 하고 있는 세계의 건축에 있어 매우 중요한 일입니다. 여기에서는 근대적인 방법으로 그것을 하려고 하고 있습니다.

비평 : 이 건물의 **프로토타입**(prototype)을 만들었습니까?

RP : 몇 개의 프로토타입을 만들었습니다. 처음에는 우리의 작은 워크샵에서 모형을 만들어 작은 공기조절 장치로 실제 시험을 실시하였습니다. 다음에 우리는 매우 공이 많이 든 윈드 터널 모형을 만들어 거기서 풍속을 수반하는 실험을 하였습니다. 그리고 최종적으로 우리는 전체 스케일의 모델을 만들어 어떤 일이 일어

7

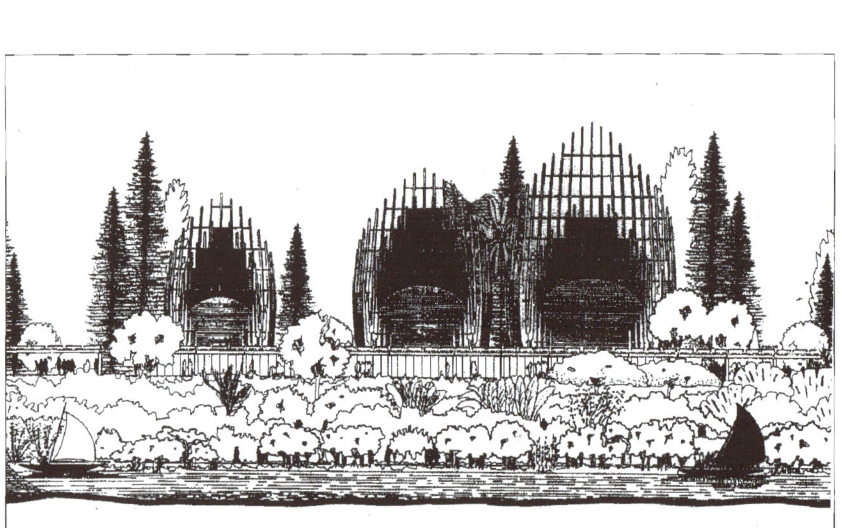

5

6

8

날까 실험을 실시했습니다. 하나의 중요한 일이 있는데 그것은 카나크의 문화에서는 건물이 소리를 내는, 음악을 연주한다는 것입니다. 예를 들면, 이 마감 자재, 이러한 디테일 방법을 취한 것은 바람이 난류를 일으키지 않게 하기 위해서 입니다. 만약 여기를 단단한 무언가로 단단하게 해 버리면 난류를 일으켜 버립니다. 그러니까 여기를 오픈 해 두어야 합니다. 오픈됨으로서 바람이 빠져나갑니다.

비평 : 그렇게 함으로써 소리가 납니까.

RP : 그렇습니다. 소리가 납니다. 이것은 매우 중요한 일로, 최종적으로 어떤 소리가 날 수 있는지 아직 우리는 그 단계까지는 오지 않았지만, 지금 검토하고 있는 중입니다. 나에게는 많은 음악가 친구가 있는데 그 사람들과 함께 이 일을 하고 있습니다. 나는 훨씬 이전에 IRCAM 음악 연구소를 지었던 경험이 있습니다. IRCAM는 음악 음향 효과에 관한 연구소이며 음악만을 위한 학교가 아닙니다. 소리가 중요한 것이죠. 그러니까 그러한 음향 전문가의 친구와 일을 하면 도대체 어떻게 될까하고 함께 일을 하고 있습니다. 나는 이 작은 부분을 떼어 놓음으로써, 건설 후에는 원하는 소리로 조율할 수 있다는 느낌이 있습니다. 이러한 과정은 모두 매우 재미있습니다. 여러 가지 분야의 일, 연구, 과학적인 어프로치, 인류학적 흥미 등 여러 가지 것이 섞여 있어야 비로소 할 수 있으니까요.

비평 : 많은 분야가 함께 할 필요가 있다는 말씀입니다.

RP : 많은 다른 분야의 융합입니다. 이것은 건축에 관해서 오래전부터 줄곧 느낀 것입니다. 건축은 위대한 예술이며 그리고 실제로 선구적인 예술입니다. 사람의 삶의 방법이 뒤섞이고 있습니다. 매우 많은 것에 의해 오염되면서.

비평 : 말하자면 모험이군요.

RP : 그것은 프로젝트에 임하는 단계에서의 모험이며 또한 실제로 건축해 가는 단계의 모험이기도 합니다. 실제로는 그것이 항상 사람들과 관계를 갖고 지내기 때문에 지어진 후의 모험도 있습니다.

비평 : 건설에 관한 사람이나 기술의 관리에 대해서는 어떻게 하고 있습니까?

RP : 거기에 관련해서 몇 가지의 문제가 있었습니다. 우선 첫 번째가 흰개미 문제. 그래서, 우리는 흰개미에 강한 목재를 사용해야만 했고, IROKO라는 자재를 선택하게 되었습니다. 이것은 매우 좋은 목재로 기름 성분이 많아 관리하지 않아도 흰개미나 환경조건에 대해서 매우 강한 성질을 지니고 있습니다. 얇은 판자의 접착 시스템을 이용하여 스틸 조인트를 끼어 넣어 갑니다. 그 부분에는 매우 강한 힘이 걸릴테니까.

비평 : 조인트가 움직인다는 것입니까?

RP : 움직입니다. 다만, 여기서 움직인다는 것은 균열을 일으킬 수도 있다는 것입니다. 여기에는 매우 강한 힘이 걸리는 포인트가 존재하므로 우리는 상당한 힘을 받아도 효율적으로 목재에 힘을 분산할 수 있도록 스틸제 조인트를 위한 주형의 설계에 노력하였습니다.

비평 : 그것은 어제 당신이 ISE의 작업장을 견학할 때, 나무의 균열 상태를 보고 있었을 때에 말했던, 언젠가 일어날지도 모르는 사태에 대한 준비와 같은 것과 관계가 있습니까?

과학센터 "뉴 메트로폴리스"

RP : 그렇습니다. 최악의 사태를 상정합니다. 그리고 그 사태를 방치하는 것이 아니라, 그 사태에 대해서 힘을 분산시키는 것을 상정합니다. 이 나라에는 맹렬한 회오리나 대폭풍우가 오는 일이 자주 있고, 그 때에는 최대풍속 250km를 넘는 일도 있으니까, 확실히 하기 위해서는 상당한 성능이 필요합니다.

비평 : 그러한 자재는 뉴 칼레도니아(New Caledonia)의 것입니까? 그렇지 않으면 수입 자재입니까?

RP : 이 부분은 프랑스에서 제조했습니다. 오늘날의 건설 기술은 세계 공통의 것이라고 생각하기 때문에 이것에 대해 나는 잘못했다고는 생각하지 않습니다. 이것은 또한 건축의 보편성이나 저널리스틱한 건축의 견해에 대한 끝없는 논의를 일으키게 됩니다만, 나는 그러한 논의는 무의미하다고 생각하고 있습니다. 왜냐하면, 건축이 지역적인 것임을 인정하지 않는 것은 큰 실수이기 때문입니다. 건축은 그 장소에 뿌리를 내리고 있으므로 지역적이며, 현지의 것입니다. 그러나 그것만으로는 과거에 대한 위대한 혁명이라고도 할 수 있는 현대의 훌륭한 생각을 죽게 내버려두는 일이라고도 생각합니다. 이것은 우리가 지금 동경으로 가는 열차에서 이야기하고 있듯이 정확히 지구 규모의 문제입니다. 오늘날 우리는 전 세계 속에서 이야기하고 혹은 파리에서도 런던에서도 동경에서도 시드니에서도 있는 시스템을 사용하여 계산합니다. 오늘 건설 과정의 일부가 다른 장소에서, 다른 장소에 설치되기 위해서 만들어지는 것은 종종 있는 일입니다.

비평 : 그것을 현지에서 조립합니까?

RP : 그것이 나쁜 것은 아니라고 생각하고 있습니다. 새로운 일입니다. 우리의 문화입니다. "그것은 잘못되어 있다. 건축은 절대 그러한 과정을 거쳐서는 안된다"라고 주장하는 것이야말로 잘못되었다고 생각합니다. 나는 건축은 지역적이며 국부적임과 동시에 보편적이기도 하다고 생각합니다.

비평 : 실제로는 많은 사상(事象)의 복합적인 것인데, 건축은 이렇다라고 하나로 결정하려는 것은 아무래도 문제가 있는 것 같네요. 그러나 많은 사람은 그것이 복합적인 산물인 것을 인정하는데 곤란해하고 있는 것 같습니다.

RP : 그것을 인정하기가 어려운 것은 사람이 단순화 작업을 하는 것을 정말 좋아하기 때문이지요. 따라서 사람들은 현대주의와 전통 사이에 모순이 있다고 믿고 싶어합니다. 지역주의와 세계통일주의나 예술과 과학 등. 만약 그것들이 양극에서 대립하고 있다고 하면 그것은 매우 상쾌하고 명쾌한 일입니다만, 그것은 단순한 단순화일 뿐입니다. 우리의 인생은 그렇게 단순하지는 않습니다. 인생은 간략화 될 수 없고, 건축도 또한 간략화하려고 해도 할 수 있는 것이 아닙니다. 건축은 모순이며 건축은 혼돈인 것입니다. 나는 굳이 윤리의 혼돈이라고 말하고 있는 것이 아니라, 기술의 융합이라고 말하고 있습니다. 그리고 이 예술성의 혼돈이 건축에 풍부함을 부여하고 있습니다.

비평 : 이렇기 때문에 더욱 여러 가지 가능성이 있다는 것입니까?

RP : 물론이지요. 이 도전을 받았다면 사람들은 대단한 문제를 떠맡게 되겠지요. 그러나 그렇게 함으로써 어떤 것이 태어날지도 모릅니다. 아니면, 사람은 사물의 한쪽 어딘가에 치우쳐서 소중한 일을 놓쳐 버리겠지요. 그러니까 이것은 매우 복잡하지만 전형적인 예의 하나라고 말해도 좋다고 생각합니다. 만약, 이 복잡함으로부터 피하고자 하면, 그것은 종말의 시작이 되어 버립니다. 도망쳐선 안됩니다. 반드시 직면하게 됩니다. 주의 깊게 집중하지 않으면 안되지만.

비평 : 에너지와 도전하는 정신이 없으면 안됩니다.

RP : 예술가는 에너지의 폭탄이 아니면 안됩니다. 그렇지 않으면 자신을 잃었을 때에 어떻게 잃었는가를 찾을 수 있는 에너지가 없게 됩니다. 그러면 즉석에서 규정된 형태의 함정에 빠지고 맙니다. 그렇게 되면 건축은 회원제 클럽을 좋아하는 직업이 되어 버립니다. 근대주의 클럽, 전통주의 클럽, 과학자 클럽, 하이테크, 픽쳐레스크 등 여러 가지가 있습니다. 클럽 회원이 되면 보장을 받고 안심을 얻을 수 있습니다. 그러나 그것이 중요한 것은 아닙니다. 건축은 탐색입니다.

비평 : 건축은 보증되는 것이 아니고, 항상 위기에 있다는 것입니까?

RP : 사람은 극한적인 상황에 있다는 사실을 인정하지 않으면 안됩니다. 결코 확실함은 없지만, 그런데도 그 사실을 받아들이지 않으면 안됩니다. 어느 프랑스 작가가 다음과 같은 아름다운 표현을 한 적이 있습니다. "창조의 시간이라는 것은 어두운 곳에서 끈질기게 응시하고 있을 때와 같다." 사람들은 어두움을 받아들여 그 속에서 뭔가를 찾고 있을 때 그것을 찾고 있는 듯한 학술계의 간략화 작업에 빠져 버립니다. 이 학술이라는 것은 건축에 대해서 매우 위험이 큰 존재입니다. 금세기를 되돌아보았을 때, 얼마나 많은 건축가들이 안심할 수 있는 장소를 요구해 왔습니까? 뭔가 운동을 일으키려 하는 것은 정말로 안심하기 위한 군대를 만들고 있는 것과 같지요.

비평 : 그래서 당신은 그렇게 말한 클럽이나 군대에 적을 두지 않군요.

RP : 나는 어떤 클럽이나 군대에도 속해 있지 않습니다. 그런 일이 문제가 아니라, 중요한 것은 이 자세를 건축에 살리는 것입니다. 물론 건축은 위험 행위가 됩니다. 탐험가의 한사람으로서 사람은 쉽게 길을 잃을지도 모르고, 실수를 범할지도 모른다고 생각합니다. 그러나 나는 실수를 범하는 편이 좋다고 생각합니다. 단지 안심하고 있는 것만이 아니라, 재미없어져 버릴 가능성이 높은 학술적인 일을 하기보다는, 위험과 이웃하는 모험적인 일을 하고 있는 편이 나는 좋습니다.

과학센터 "뉴 메트로폴리스"

비평 : 그러면 당신은 거기에 에너지를 집중시키지 않으면 안되고, 여러 분야의 일에도 관심을 가지지 않으면 안됩니다.

RP : 맞습니다만, 그것은 그렇게 노력이 필요하다고는 생각지 않습니다. 어떤 일이라도 탐색적으로 일을 하고 있기 때문에.

비평 : 항상 새로운 시작이 있기 때문이군요.

RP : 그렇습니다. 새로운 시작입니다. 사람은 그다지 백과사전과 같을 필요가 없고, 어떤 기분으로 무엇을 할 것인가 하는 것을 지금 결정하지 않아도 상관없습니다.

비평 : 모든 것이 각각 주어진 제 위치에 들어가도록.

RP : 그렇습니다. 그리고 자신의 지식을 능숙하게 사용할 뿐입니다. 지식의 강압은 좋지 않습니다. 사물로부터 무엇을 해야 할 것인가를 말을 걸어오도록 작용하지 않으면 안되는 것입니다.

비평 : 듣는 일, 보는 것을 배운다는 것이군요.

RP : 듣는 일! 확실히 듣는 일입니다. 물론 들은 후에는 의자에 앉아 상투적인 일을 해야 하는 일도 있겠지요. 그러나 듣는 일은 매우 중요합니다. 그리고 주의 깊게 들었다면, 감히 "이것은 저것과는 차이가 있다"라고 하듯이 뭔가를 결단할 필요는 없을 것입니다. 실제, 건축의 세계에 있어 건축은 이제 고무도장을 누르듯이 어떤 종류의 스타일을 만들어 내고 있는 일이 많습니다. 그렇게 해서, 그들이 각각의 일에 자신의 스타일을 각인해 나가는 것으로 이것은 X씨의 것이다, 이것은 Y씨의 것이다 라는 식으로 사람들이 인식하게 됩니다. 자신의 스타일, 자신만의 표현, 언어, 관용어를 갖는 것은 매우 좋은 일이기 때문에, 나는

10

11

그에 대해 비판하고 있는 것은 아닙니다. 다만 프로젝트 그 자체보다 스타일이 중요시되었다면 그것은 나쁜 일이라고 말할 수 있습니다. 왜냐하면, 하나의 일이 다른 것과 얼마나 차이가 나는지를 이해해 나가는 한계를 넘어 버리기 때문입니다.

비평 : 당신의 그러한 이야기는 에콜로지(Ecology)라든지 지속 가능한(Sustainability) 건축을 제창하는 다른 건축가의 일을 생각나게 합니다만.

RP : 그들의 일은 잘 알고 있습니다. 그들과는 매우 좋은 친구입니다. 리처드 로저스와는 친구 이상의 마치 형제와 같다고 생각하고 있습니다. 우리는 자주 만나 이야기를 합니다. 리처드도 이 생각에 매우 예민하게 반응하고 있습니다. 중요한 것은, 무엇을 말할까가 아니고, 무엇을 실행할까 입니다. 그리고 그 행동은 여러 가지에 의해 결과가 나타납니다. 모두 반응은 다양합니다. 리처드는 지속 가능한 건축에 관해서 매우 흥미로운 일을 하고 있습니다. 제노바에 있는 나의 오피스는 지속성이 있는 건축의 살아있는 예라고 할 수 있겠지요. 이것은 환경에 대한 우리의 자세입니다. 이야기가 바뀝니다만, 태양열 에너지를 이용하여 건물에 연간 2, 3천 달러의 절약을 시키는 것이 지속 가능한 건축이 아닙니다. 지속 가능한 건축은 좀 더 깊은 뜻으로, 좀 더 긴 시간을 들여야 알 수 있는 것입니다. 건물을 실현시킬 때 이것은 매우 미묘하여 지식이나 지혜가 필요로 합니다. 공기조절, 재료, 매스, 미풍 이러한 것을 모두 이용하는 일인 것입니다. 나는 태양 에너지에 의한 건축을 정말 좋아합니다만, 지금 단계의 태양 에너지에 의한 기술에는 한계가 있어, 간단히 솔라 패널을 두었다든지 태양전지를 두었기 때문에 즉석에서 지속성이 있는 건축이라고는 말할 수 없습니다. 생각으로서는 매우 우수합니다만, 태양전지에 의해 1000㎡의 장소에 필요한 에너지를 만들기 위한 에너지의 소비량은 우리가 필요로 하는 15년 간의 산소에 필적합니다.

비평 : 놀랍네요.

RP : 어리석게 느껴집니다. 그러나 나는 말은 이렇게 해도 태양 에너지에 의한 건축에 부정적인 생각으로 말하는 것은 아닙니다.

비평 : 좀 더 긴 안목을 가지고 생각하면 어떨까요.

RP : 그렇습니다. 매우 근시안적입니다. 만약 태양 에너지 기술에 관해서 큰 기업이 실제로 일을 한다면 완전히 이야기는 바뀌겠지요. 다만, 지금 단계에서, 이것에 관해서는 아주 초기 단계에 지나지 않습니다. 오히려 지속 가능한 건축이라는 것은 좀 더 다른 생각으로부터 오는 것이라고 생각합니다.

비평 : 건축가는 도전을 받는 것이 필요하다고 말씀하셨습니다만, 그러니까 많은 건축가가 지속 가능한 건축이라든지 에콜로지 건축을 추구하려고 하는 것일까요.

RP : 맞습니다. 그러나, 나는 그러한 일이 단지 태양열 건축에 집약되어 버리는 것은 아니라는 것을 말하고 싶습니다. 그보다 좀 더 큰 것입니다. 어떤 의미로 노메아(Noumea)는 카나크 사람들의 시점에서 보면 지속 가능한 건축이라고 말할 수 있겠지요.

비평 : 그것은 장소나 문화의 특수성이라는 것입니까.

RP : 매우 장소에 밀접한 문제입니다. 나에게 있어, 얼마나 건축이 지역적인 것임과 동시에 보편적인 것일 수 있는가 하는 좋은 예가 된 작품입니다. 그리고 지금은, 건축이 지역적인가 보편적인 것인가 하는 논의가 실로 멍청한 일이라고 나는 생각하고 있습니다.

Science Center "New Metropolis"

Oosterdok 2, Amsterdam, The Netherlands, 1997, Renzo Piano

작품설명

| 디자인 컨셉 |

암스테르담 시의 중심부 북부에 위치하고 있는 항구에는 해양 박물관, 동물원, 철도역, 성 니콜라스 교회 등이 근접해 있다. 1960년대 대규모 토목공사에 의해 완성된 이 항구에 불쑥 솟아오른 해저 터널 입구에 과학기술 박물관이 새롭게 건설되었다. 터널이 가로에서 항구를 향해 지하로 잠입해 들어가는데 반해 부두로부터 하나의 보도 램프가 설치되어 있다. 그것이 터널 입구 상부에 기복이 없고 평탄한 암스테르담의 역사적 중심 거리를 조망할 수 있는 남쪽에 접한 계단 상으로 구축된 광장에 이어지고 있다. 일반 시민들에게 공개된 광장 아래의 공간을 과학기술관이 차지하고 있다. 건물 내부에는 고가의 마감 재료나 딱딱한 모뉴멘탈적인 분위기를 피해 단순하게 전시물을 담고 있는 하나의 실험실인 "지적인 제작소"를 의도했다. 커뮤니케이션, 에너지, 인류, 자연현상, 테크놀로지에 관한 기획전시 및 상설 전시는 상호 작용하는 전시방법이 적용되고 있다. 종래 서비스 시설인 무대 뒤에 숨어 있던 기획부시설은 의도적으로 부두 레벨에 설치되며 유리벽의 공간으로서 계획되었다. 이것은 호기심 있는 일반 사람들과의 시각적 커뮤니케이션을 고려한 결과이다. 옥상의 광장이나 부두에는 풍차나 댐, 관개 토목공사로 유명한 네덜란드와 연관되어 바람, 빛, 물을 테마로 한 조각이 일본인 예술가에 의해 이미 계획되고 있으며 몇 년 후에는 설치되어 관람객들이나 광장에 놀러 오는 사람들을 한층 더 즐겁게 해 줄 것이다.

렌조 피아노(Renzo Piano)는 〈Science Center "New Metropolis"〉에서 형태적 은유를 통해 "배"라는 이미지를 건물에 표현하였고, 이것은 또한 대지와 주변 환경에 맞게 형성되어 있다. 이 건물은 항구라는 곳과 자동차 해저 터널 위에 있다는 특별한 대지 특성을 지니고 있으며 그 배치를 보면 어느 정도 이 특성을 따르고 있음을 볼 수 있다. 건물 형태는 뒤에서 보면 출항하는 배의 이미지를, 앞에서 보면 정박해 있는 배의 이미지를 가지고 있어서 정적이면서도 동적인 느낌을 제공한다.

건물내부에는 배의 형상을 한 단일 공간으로 읽혀지도록 큰 오픈 공간이 존재하고 이곳에서 공간 전체를 하나로 인식할 수 있다. 상부까지 트여있는 이 공간은 공간전체에 빛을 받아들이는 곳이면서 관람방향을 먼저 제시하는 기능적인 공간이 된다.

| 프로그램 |

이 건물은 암스테르담 역을 마주보고 항구에 면하고 있는데, 이곳 도시민들에게 과학 학습을 위한 교육기관으로서의 역할을 하고 있다. 건물의 1층에는 주 출입구와 로비, 탐험관, 어린이 탐험관이 있고, 2층에는 영화관, 탐험관, 사무실과 사무실 정원이 있다. 3층에는 탐험관과 기계실이 있고, 4층에는 배머리 부분에 탐험관이 위치하며, 마지막으로 5층에는 식당, 외부에는 테라스가 있다. 이 곳의 전시는 커뮤니케이션, 에너지, 휴머니티, 현상, 기술에 관한 기획전시 · 상설 전시가 주를 이루고, 일방적이 보여주기의 전시가 아니라 쌍방이 모두 통하는 인터엑티브한 디스플레이 기술이 응용되고 있다. 건물 외관에는 내구성, 경량성, 강도 그리고 간편한 관리를 고려하였으며, 더욱이 쉽게 친숙해지는 녹청색의 동판 피복을 선택했다. 벽이나 입구 홀의 바닥 마감재로는 암스테르담의 가로에 자주 사용되고 있는 벽돌을 이용해 외부와 내부 공간의 자연스러운 연속성을 유지하고 있다. 해안의 기차역 쪽으로부터는 새로운 보행용 브릿지가 가설되어 자전거로의 접근도 용이하게 하고 있다. 또한, 수상 택시에 승선할 수 있는 부두 레벨로부터 관람자는 메인 홀에 들어와 방향성이 뚜렷한 실내 중앙을 차지하는 계단을 채움으로써 실내의 전시물을 용이하게 파악할 수 있도록 배려했다. 한편, 경사로로부터 광장으로 올라가 레스토랑, 카페가 있는 옥상 테라스상의 제2의 입구로부터도 실내에 접근 할 수 있도록 고려되고 있다. 멀리서 바라보이는 박물관은 마치 배와 같이 보여 개관하기 전부터 벌써 시민에게 사랑 받고 있었다. 그리고 미래로 희망으로 가득 찬 〈뉴 메트로폴리스〉라는 새로운 이름으로 1997년 6월 3일 네덜란드의 베아트리체 여왕에 의해 개관되었다.

| 동선순환체계 |

암스테르담 항구 내에 위치하고 있는 이 건물로의 접근은 육로를 이용하거나 배를 통한 수로를 이용하는 방법이 있다. 주 출입구는 1층에 위치하고 있고, 긴 램프를 타고 지붕층에 오르면 부출입구로도 입장할 수 있다. 건물 내부에는 전 층에 걸쳐 뚫려있는 오픈 공간이 있고, 이곳에 있는 계단을 통해 윗층으로 동선이 순환되면서 공간위치를 인식할 수 있다. 이 건물의 특징 중 하나가 입구로비에서 보면 수직동선 계단이 전 층에 걸쳐 한눈에 들어오기 때문에 건물 내부 전체를 한눈에 인식할 수 있다는 점이다.

이 건물은 전체 5개 층으로 구성되어 있고 각 층을 오를 때 마다 하나의 주제 전시를 관람할 수 있도록 되어 있다. 각 층의 전시 관람을 마치면 마지막으로 5층 식당에 다다르게 되고, 이곳에서 간단한 식사와 도시 조망을 할 수 있다. 또한 이곳은 외부 테라스와 연결되어 있어 도시의 다양한 풍경을 제공하고 전시를 마감한다.

| 구조 시스템 |

이 건물의 전체 형상은 배를 연상시킨다. 녹청색의 외벽 동판 스킨은 유지성, 내후성, 강도 등을 고려하여 선택되었지만, 과학과 기술의 응용을 상징하고 있다. 건물 내부는 마치 배의 내부를 들어온 것같은 착각을 일으킬 정도로 기계적인 모습과 재료마감을 보이고 있다. 타워부분과 램프의 경사로부분은 붉은 벽돌로 마감하여 기존 항구와 암스테르담 도시의 분위기를 이어가고 있다.

| 주요 디테일 |

– **입구 홀**: 암스테르담 도시에서 자주 사용되는 붉은 벽돌로 외부를 마감하여 도시적 이미지가 살아 있다.

– **데크 테라스**: 배의 갑판과 같은 이미지를 제공하고 도시민의 휴식공간이 된다.

– **식당**: 암스테르담 항구의 풍경과 건물내부를 한번에 내려다 볼 수 있어 도시와 건물을 엮어주는 공간이 된다.

A M S T
P L

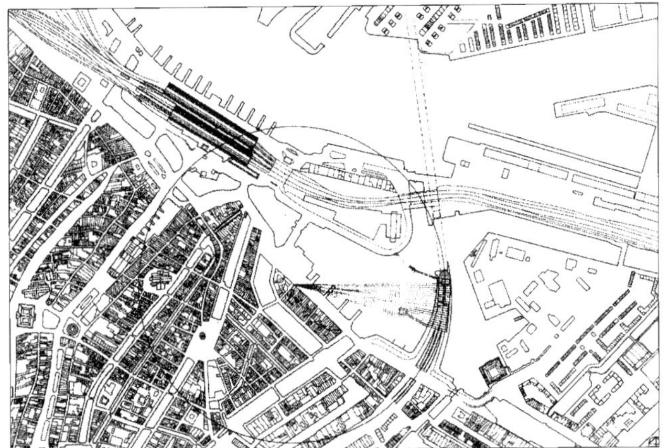

전체 배치도

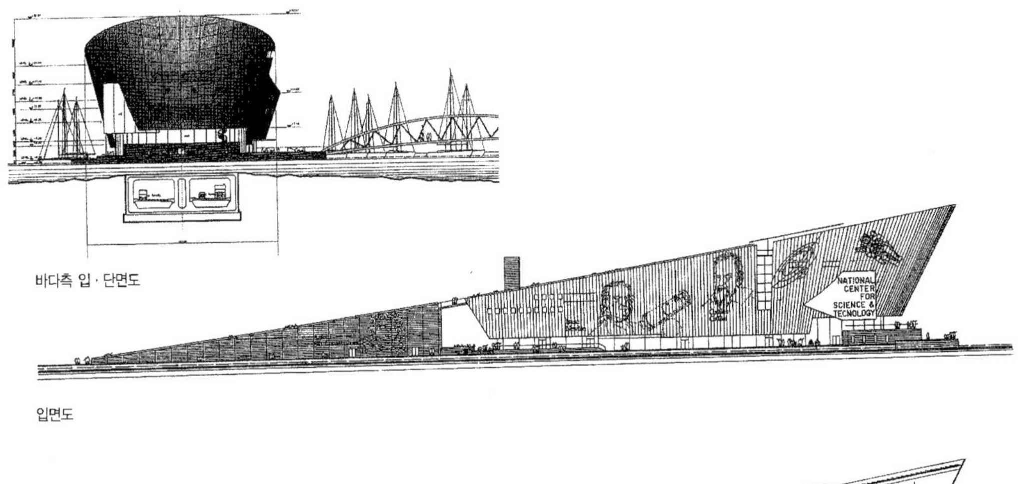

바다측 입·단면도

입면도

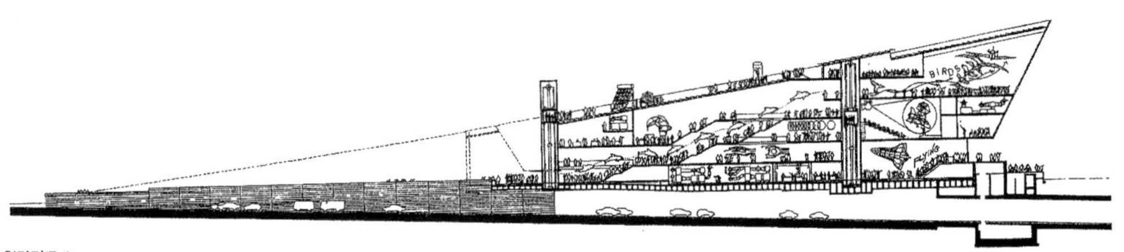

횡단면도 1

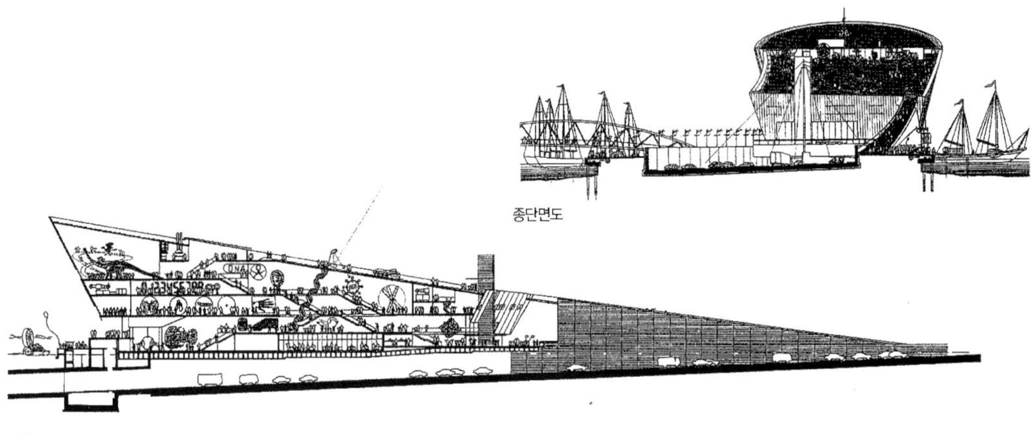

종단면도

횡단면도 2

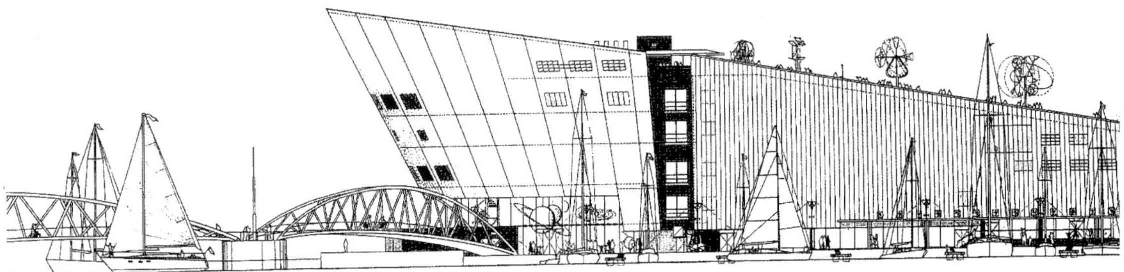

다리측 입면도

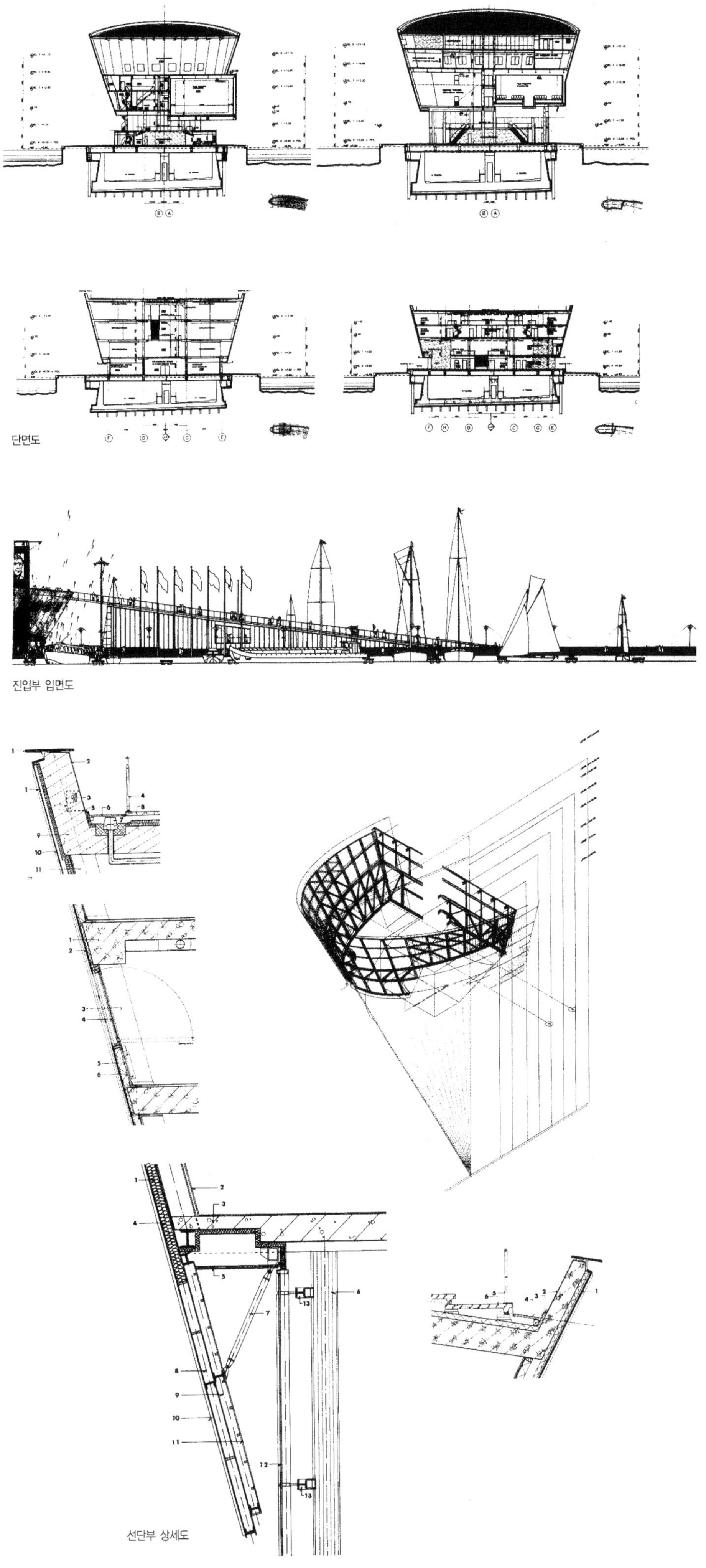

단면도
진입부 입면도
선단부 상세도

1. 해저 터널
2. 주 출입구
3. 홀
4. 뮤지엄숍
5. 바
6. 체육워크숍
7. 공조조정실
8. 인포메이션센터
9. 워크숍
10. Exploratorium
11. 기존 터널용 공간
12. 어린이 Exploratorium
13. 로커
14. 스틸 브리지
15. 보이드
16. 오피스 가든
17. 오피스
18. 집회실
19. 포이어
20. 영화극장
21. 회의실
22. 과학 극장
23. 냉각장치
24. 영사실
25. 창고
26. 무대후면부
27. 옥상 출입구
28. 레스토랑 입구
29. 레스토랑
30. 기계실
31. 경사로
32. 옥상 광장 출입구
33. 테라코타 타일마감 지붕

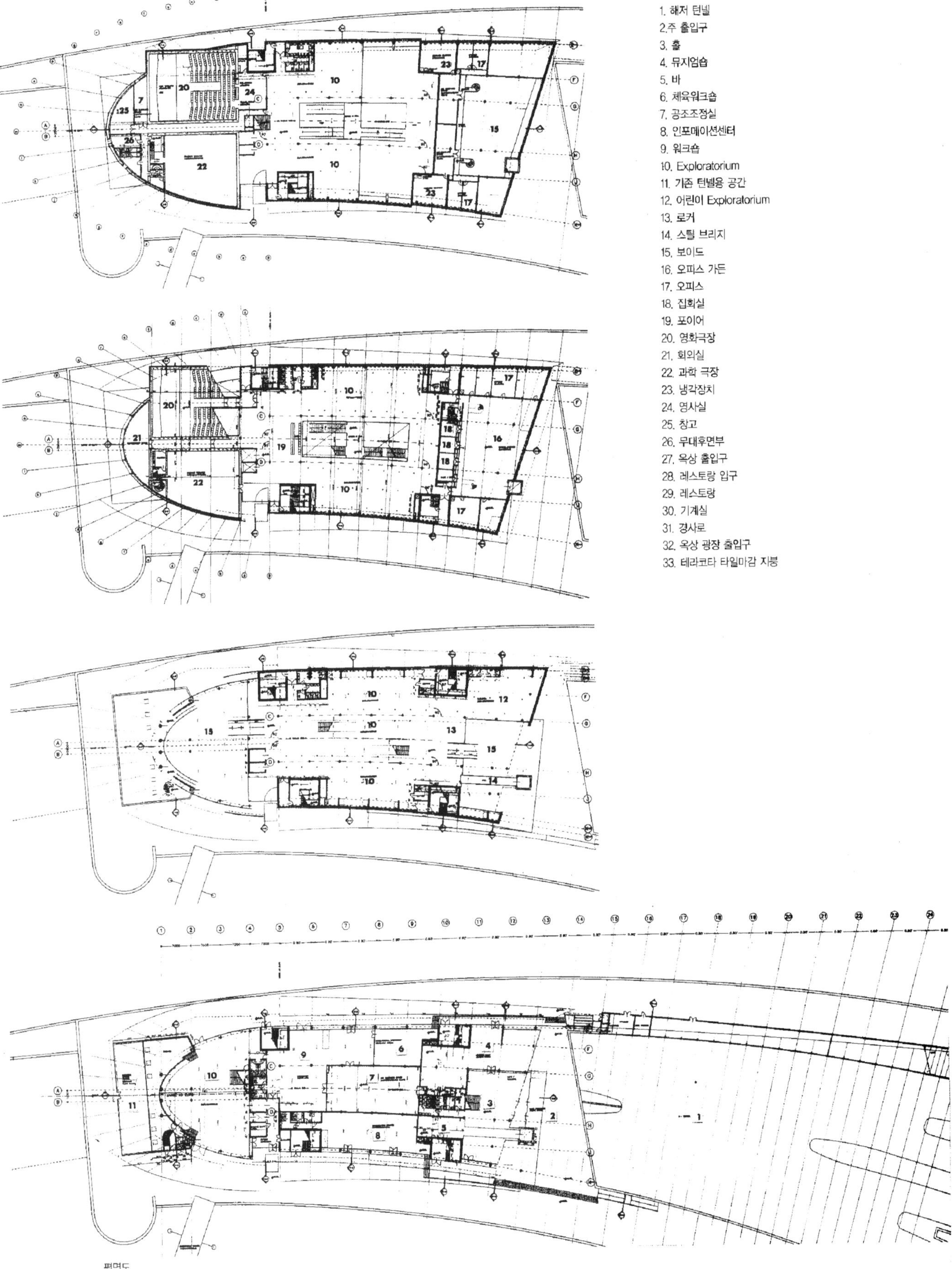

평면도

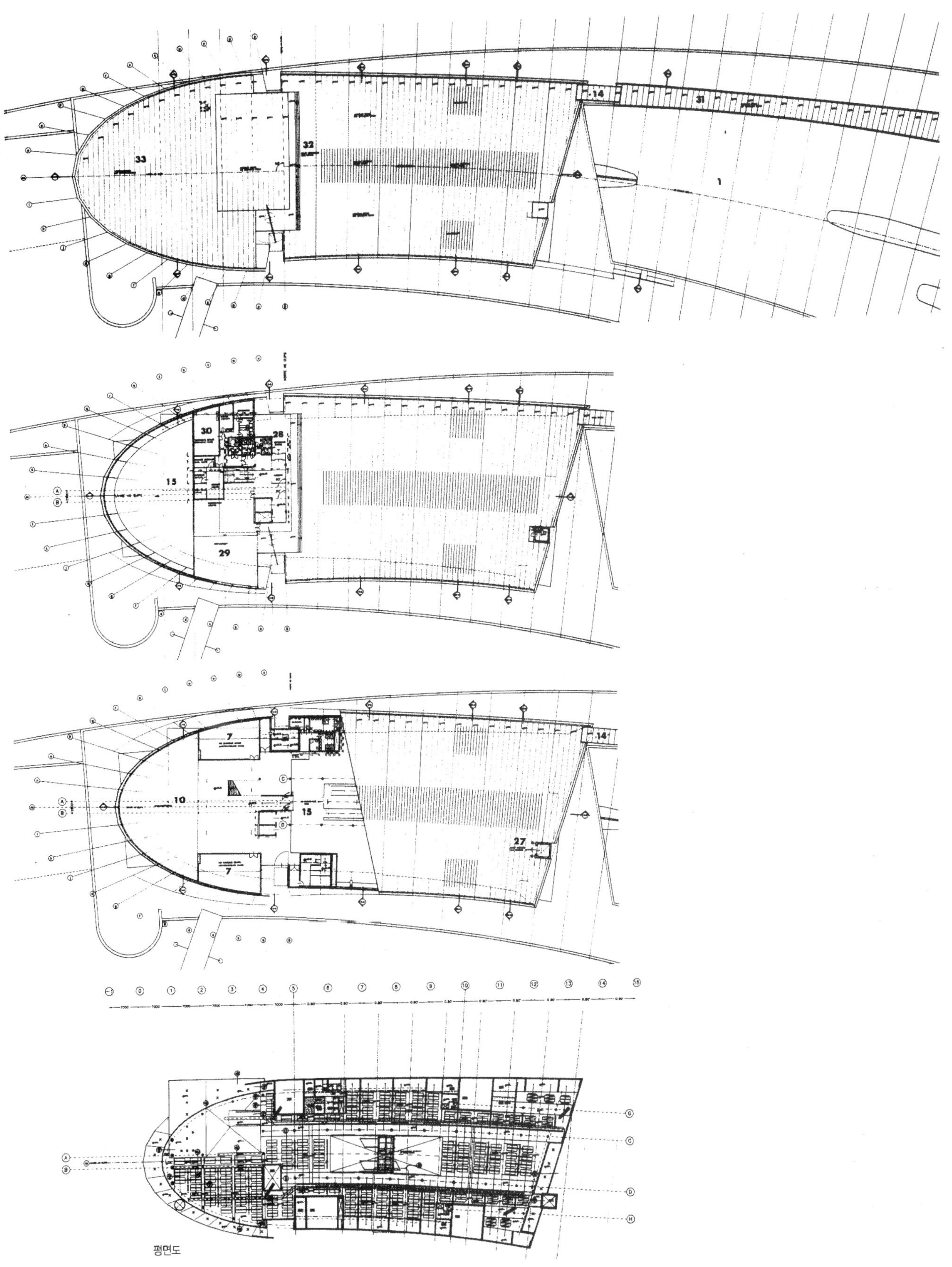

평면도

프랑크푸르트 수공예 미술관
Frankfurt Museum Of Decorative Arts

Richard Meier의 건축사고방식
: 독일 프랑크푸르트 수공예 미술관

라차드 마이어(Richard Meier)

독일의 통일에 대해 자주 언급되고 있는 것 중의 하나는, 그것이 제2차 세계대전에 의한 파괴이래 도시 국가를 기반으로 문화 시설을 재건하기 시작했을 때와 시기를 같이 한다는 것이다. 독일에서는 도시 국가의 흔적이 사회 문화적 실체로서 생명을 유지하고 있기 때문이다. 이 재건 운동은 60년대의 오페라 하우스나 콘서트 홀의 대규모 재건으로부터 최근 1980년대~90년대의 박물관 건설 붐에 이르는 거의 4반세기간의 지지를 받고 있다. 프랑크푸르트의 여러 박물관의 개장이나 증축이 그 적절한 예라고 말할 수 있다. 부분적으로는 기존 시립 박물관이나 갤러리로 구성된 이 도시적 규모의 집합체는 마인강의 남안과 특히 샤우마인카이로서 알려진 과거의 도심 지구를 포함한 광범위한 지구에 걸친 건축 계획 하에서 최근 큰 폭으로 확장되었다. 부분적으로는 파괴되고 있지만, 띠 모양으로 이어진 이 우아한 부르조와식 가로는 19세기에 심어진 우아한 플라타너스 가로수의 강가 산책길로 둘러싸여 있으며, 최근에는 시에서 매수하여 상보적인 역할을 하는 일련의 박물관 군(群)으로 전용되었다. 그리고 현재는 모든 건물이 완성되어 있다.

샤우마인카이 가로의 이 박물관 지구는 동서로 점재한 일련의 개축된 빌라와 함께 구성되어 있는데, 그 중에는 〈독일 건축 박물관〉, 〈독일 영화 박물관〉, 〈음악 박물관〉, 〈민족 연합 박물관〉이 포함되어 있다. 그리고, 마지막으로 미국 건축가인 리처드 마이어에 의해 완성된 〈수공예 미술관〉이 이에 더해졌다. 이것은 새롭게 건설된 박물관 중에는 규모로 보아 가장 큰 것이다. 마이어는, 1979년에 프랑크푸르트에서 개최된 국제 및 국내 지명 설계 경기의 결과, 당선되어 이 중요한 임무를 맡았다. 이 경기 설계에서 마이어는 외국인 건축가로서 벤츄리 & 스콧 브라운과 한스 홀라인, 그리고 독일 내의 4팀등 6개 팀을 물리치고 당선의 영예를 안았다.

마이어의 제안이 다른 계획안보다 좋았던 점은 그의 부지 계획이었으며 이것은 확실히 개방적이고 명료한

것이었다. 그의 디자인을 다른 응모자와 비교하면, 표면상 주어진 문제에 대해 각각 다양한 해결안이 제출되었음을 확인할 수 있지만, 대체적으로 모든 안이 빌라 매츠라를 새로운 건물의 큰 볼륨 안에서 통합하는 방법, 그리고 이 일련의 건물 전체를 샤우마인카이의 현존하는 도시 구조의 내부에서 표현시키는 방법에 대해 저항감을 나타내고 있음을 알 수 있다. 벤츄리는 후자의 본질적인 질서나 스케일에 대한 섬세한 감각에서 대부분 어떤 배려도 하지 않았으며 빌라 매츠라의 서측면에 "벙어리와 범인"이라는 6층 건물의 헛간을 제안함으로써, 샤우마인카이의 가로를 따라 나타나는 전통적이고 파빌리온적인 명확한 반복성을 완전히 거절하는 놀랄 만한 반응을 나타냈다.

반면, 한스 홀라인은 그것과는 반대의 태도를 취하고 있는데, 실질적으로 2층 건물의 고전적인 복합체를 만들어 냈던 것이다. 이 일련의 건축은 이용 가능한 공원 부지의 대부분에 펼쳐져 있으며 거기에 따라 낮은 윤곽만으로 연속적인 빌라 매츠라의 자율과 지배를 보증하려 하고 있다. 이 계획이 갖는 불리한 점은, 특히 강조할 필요는 없을지도 모르지만, 박물관 각 부분이나 증축부 사이에 생기는 이산적인 성격과 분산에 필연적으로 수반하는 광범위한 수평의 동선 체계였다.

한편, 하인츠 몰의 계획안은 상세한 문맥이라는 점에서는 마이어나 홀라인의 응모 작품에 가장 가깝지만 반대의 방향에서 실수를 범하고 있다. 즉, 그의 제안은 너무 철저히 조밀하고 응축되어 있기 때문에 빌라 매츠라와 결과적으로 극히 접근해서 세워지게 되었고, 고압적인 8층 건물의 모뉴먼트에 의해 빌라의 작은 스케일이 전체 안에서 더욱 더 작게 느껴져 버리게 된 것이다. 다른 응모작에서 나타나는 "분산"적인 계획은 빌라 매츠라의 뒤쪽, 또는 측면에 배치되는 소극적인 박물관의 상관관계를 여러 가지로 고안하는 것이었지만 그것은 빌라 매츠라와는 완전히 독립된 유기체에 지나지 않았다.

요컨대, 다른 참가자와는 달리, 장소에 극히 추상적인 건축을 주입한다든가, 최선을 다해 현존하는 도시 구조나 그 부지의 역사를 이용하는 한편, 마이어는 도시의 문맥에 대해 눈부시게 아름다운 그리고 정교한 게임을 전개했던 것이다. 마이어의 계획은 큐브나 안뜰 그리고 교차하는 축선상에서, 분류 체계적으로 조립할 수 있었던 구성으로서의 공원이나 건물을 풍경이나 기존 도시 구조의 본질적 특성에 정확하게 관련짓는 역할을 완수하는 각각의 형태 요소를 통합시키고 있다.

2

3

프랑크푸르트 수공예 미술관

이러한 구성에 있어서 제일 우선적인 것은 빌라 매츠라를 구성체 안에 통합한다는 것이었다. 그것은 같은 스케일 뿐만 아니라, 창의 면적, 그 조화나 크기, 규모, 그리고 리듬을 그리드 상의 큐브를 사용하여 빌라 매츠라의 17. 6m의 외피를 반향시킴으로서 이루어졌다. 설계 경기의 디자인에 있어 이러한 추상적인 은유는 정확히 빌라 매츠라의 코니스의 높이에서 최상단의 창에 부딪치는 것과 같은, 돌출되지 않은 연속적인 "코니스"에 의해 보다 분명한 것이 되고 있다. 그러나 구상적인 통일체라고 생각되고 있는 이 큐브는 놀라웁게도 단 2개 밖에 나타나지 않는다. 그리고 그 양쪽 모두의 경우에서, 이러한 큐브는 구성의 서쪽의 한계를 규정하는 돌출된 파빌리온의 형태를 취하고 있다. 이 큐브의 배치는 그 뒤편에 있는 3개의 모퉁이보다도 큰 L자형의 일련의 건축의 존재를 명료하게 함으로써 두드러지지만, 이 일련의 건축은 빌라 매츠라를 마치 파빌리온 시스템의 4번째 "코너"와 같이 둘러싸고 있는 것이다. 이러한 도출된 큐브가 샤우마인카이 지구를 세분하고 있는 원래의 그리드에 평행한 일련의 건축적 그리드에서 비켜 놓아짐으로써 입체로서의 아이덴티티를 얻고 있다는 것은 충분히 의미있는 일이라 할 수 있다. 또한 당연하게도 이러한 코너 파빌리온은 마인강의 최초의 구부러진 부분과 맞추어진 빌라 매츠라의 정면 외관의 기울기에 따라 배치되고 있다.

L자형의 일련의 건축에는 계획을 구성하는 또 하나의 원리인 기하학적 요소가 매개되고 있다. 즉, 안뜰과 교차하는 축선이 그것이다. 전자는 전체적으로 건물의 형태에 중심을 두며, 후자는 수직 방향의 동선체계, 즉 샤우마인카이 가로로부터 건물까지의 주된 어프로치에 대비되는 보행자 램프를 샤우마인카이의 직교 그리드에 연결시키고 있다. 이 규범적인 교차축은 한편이 L자형을 2분하고 있으며 한편은 넓은 보도나 "공원"의 축을 형성하며 연장되고 있다. 이에 덧붙여 이 공원의 전면 축은 이 건물과 인접하는 〈인류학 및 음악 박물관〉을 위한 익부(wing) 증축 부분에 이르고 있다. 이 전원적인 교차 축으로 생긴 교차점은 부지 내에서 공원 자체의 종횡 축에서 볼 수 있는 부르조와식 빌라군(群)이 파괴된 이래 줄 곧 잃어버린 중심을 "표시"하는 상징적인 십자형으로 눈에 들어오고 있다. 이러한 네오-슈프레마티즘적(신-절대주의적) 교차점 군(群) 가운데 하나가 울타리와 같은 낮은 3차원 입체를 취하고 있다. 이 3차원의 형태는 아마 카페 테라스의 친밀함을 부여하기 위함과 동시에, 이에 따른 건물의 양감으로부터 박리 된 단편과 공원 전체의 경관 사이에 관계를 지으려는 의도로 주어지고 있는 것이다.

4

5

6

마이어의 작품 중에서, 이 건물의 원천을 묻는 충분히 상세한 디자인 단계에서 표현되는 그 후의 진전을 생각하기에 앞서, 현상 설계 응모 직전에 위치를 바꾼 2개의 축의 연결과 중복의 결과 생긴 공간적 긴장감에 대해 평가할 필요가 있다. 즉, 어프로치와 코너 파빌리온이 공원의 주요 축과 경사로 사이에 30도의 각도로 배치되어 있는 것이다. 마치 회전하듯이 배치된 이러한 구성은 심지어 볼륨상의 분리에 이르기까지 모든 레벨에서 철저히 이루어지고 있다. 결국, 계획은 전개되어 가는 과정에서 오히려 합리적인 평면 구성을 취하게 되어, 그 때문에 3개의 코너 파빌리온은 최종안에서는 뚜렷한 볼륨으로 이루어질 수 있었던 것이다. 결과적으로 실현된 건물은 모든 층에 대량의 불규칙한 복도 공간을 만들어내게 되었다.

건축가는 어떤 계열 하에서 일을 하는 경향이 있어, 기능상의 프로그램이 다양하다 하더라도 거기에 관련이 없을 듯한 이미지로부터 그리고 때에 따라서는 유사한 도식으로부터 발생하는 부분이 점차 하나의 건물에 나타난다는 것은 잘 알려진 사실이다. 그러나 이러한 변형에 대해서는 최초의 아이디어가 순서에 따라 변형되어 소모되고 사라져 버린다. 이것은 건축가가 이제 아무것도 덧붙일 방법이 없는 건축 방법의 대전제이다. 리처드 마이어도 이 규칙에서 예외일 수는 없다. 그리고, 아직도 존재하는 고정적인 아이디어를 끊임없이 진전시키고 있는 다른 작품이 있다고는 해도, 그가 설계한 〈수공예 미술관〉 역시 그의 작품 중에서는 그러한 위치를 차지하고 있다. 즉, 이 작품은 "문화" 복합체의 계열에 속하고 있으며, 그것은 1975년 인디애나의 뉴 하모니를 위해 디자인된 〈아세니움 방문자 센터〉로부터 시작하여 1978년부터 시작되는 〈하트퍼드 세미너리〉(코네티컷주 하트퍼드)를 거쳐 1981년부터 1985년까지 사우마인카이에 건설된 〈수공예 미술관〉에 이르러 보다 문화적으로 결정된 형태가 기대되고 있는 것이다. 여기에서 보여지는 아이디어는 아틀랜타에서 계획된 〈아틀랜타 미술관〉에서 가장 응축적으로 도식화되고 있다. 그리고 그것은 1년 후에, 〈프랑크푸르트 수공예 미술관〉에서도 나타난 것이다.

이 건물의 부지에 부수된 상황이나 기능상의 평면 계획은 별개로 하고, 실제 또는 상징적으로도 핵심이 되고 있는 부분은 프랑크푸르트에 있어 계획의 중심적 존재인 옥외의 중정을 따르는 외관이다. 어떤 사람에 의하면 〈아틀랜타 미술관〉에서도, 원주에 따른 접근방식을 지닌 탑 라이트와 그에 따른 4분된 내부의 중정이 상징적 또는 실제적 중요성을 지니고 있다고 한다. 전자가 근대 유럽 건축의 "부정적인" 전통으로서 언급하고 있는 아돌프 로스의 비판적인 유산인데 반해, 후자는 아메리칸 드림의 초월적인 낭만주의에 경의를 부여하고

프랑크푸르트 수공예 미술관

있다. 즉, 선두 자리는 로마의 회의주의에 대해서보다는, 프랭크 로이드 라이트의 로만티시즘적인 이상주의에 부여하고 있는 것이다. 프랑크푸르트와는 달리, 아틀랜타 미술관에서 보여지는 합성적인 패러다임은 1943년 라이트가 디자인한 뉴욕의 〈구겐하임 미물관〉의 나선형의 경사로이다(이에 덧붙여 그 35년 후에 마이어 자신이 라이트의 원래의 보도 옆에 〈아이 사이먼 독서실〉을 만들었다).

코너 파빌리온을 볼륨으로서 강화하는 것에 더해, 수많은 미묘한 변형이 프랑크푸르트의 원래의 구상을 실제의 작품으로 번역하는 과정에서 생겨났다. 원래의 강의실을 북서쪽의 코너 파빌리온의 지하층으로 장소를 바꾼 점을 별도로 하면, 대부분의 변경은 건물의 세부 즉 건축의 내부적 분절이나 창 나누기의 단순화 방식 등에서 생긴 것이다. 강의실은 코너 파빌리온의 4개의 원주를 지닌 정방형 평면이라는 건축적 논리와 일관성을 유지하도록 하며, 최종적으로 그리드와 모듈에 의거한 법랑 패널과의 사이에 만들어진 조화 안에서 찾아볼 수 있다. 이렇게 해서 원래의 계획안에서는 24개의 창으로 구성되어 있는 코너 파빌리온의 큰 창나누기가 단 6개의 큰 구획으로 분할된 같은 크기의 창과 같이 보이게 되었다. 이러한 스케일의 변환이 전체적인 구성에 있어 유익한 것인지 아닌지는 건물이 최종적으로 완성되어 사용되고 나서의 유효성을 고려에 넣고서는 말할 수 없을 것이다. 그러나 이러한 단순화는 미학적 고려와 함께 기술적인 배려에 있어서도 의미 깊은 것이다. 저층에서 사용된 페리메터 히팅(Perimeter Heating) 방식의 서멀 월 시스템(Thermal Wall System)에 포함된 3겹의 유리에서는, 극도의 치밀한 인상이나 번잡함과 같은 느낌을 피하기 위해서 각각의 창에 있는 분할 수를 줄이는 결정이 이루어졌다. 이것은 분명히 이 지방의 평균 기온이나 에너지 절약의 규제에 의해 부과되는 엄격한 제약에 따라 원래의 디자인을 변형하는 일종의 도전이었다. 그리고, 이 때 이문화(異文化)간에 있어서의 번역에 수반하는 대부분의 어려움이 나타난 것으로 생각된다. 즉, 북유럽의 일부와 미국 사이에 꽤 기후의 차이가 있어 거기에 선택의 여지가 없는 경우는 그 양극단을 처리하기 위해서 이용되는 규범적인 기술과 기준이 두 대륙 사이에서는 매우 큰 차이가 있다는 것이다.

이에 더해, 자연광의 영향을 통해 밝혀지는 것보다 더 해결할 수 없는 이문화간의 차이도 지적할 수 있다. 그 것은 바로, 마이어의 작품이 안고 있는 다른 경험의 영향을 통해 밝혀지는 차이인데, 즉 마이어의 작품을 프 랑크푸르트의 항상 회색으로 찌푸린 날씨 아래에서 바라보는 것과 미국 대륙의 대부분에서 체험할 수 있는 지중해와 같은 푸른 하늘 아래에서 바라보는 것의 차이이다. 외장의 훌륭함이나 정밀함은 둘 다의 경우에 공 통적일 수 있지만, 내부에 들어오는 빛은, 쉽게 예상할 수 있듯이, 미국보다 유럽이 더 한층 미묘한 뉘앙스를 띄고 있는 것이다.

제임스 스털링이 슈투트가르트에 세운 〈시립 미술관〉이 대부분을 회화에 제공하고 있는 것과는 대조적으로 마이어에 의한 〈수공예 미술관〉에서는 근대운동에 있어서의 오픈 플랜의 전통적 교의가 유지되고 있다. 그 때문에 전시물을 수납하는 문제에 있어서 이 미술관에서는 넓은 볼륨을 지닌 공간 안에 분절적인 구조체를 건설함으로서 해결되고 있다. 즉, 건축의 주 볼륨 안에 작은 독립된 공간단위들이 내포된 건축물이 이루어진 것이다. 아틀랜타에 지어진 동일한 건축과 비교하면, 이러한 "두꺼운 벽"과 같은 디자인은 두 개의 인접한 측 면으로부터 코너 파빌리온과 관통하도록 양측에서 충분한 빛을 통과시키고 있다. 더욱이 프랑크푸르트 수공 예 미술관의 독립된 캐비넷은 확장된 인공조명에 의해 안쪽으로부터 조명이 이루어지고 있으며, 내부의 전반 적인 분위기에 질감도 부여하고 있다. 또 하나, 슈투트가르트의 시립 미술관과 유사한 것은 아틀랜타와 같이 여기서 보여지는 효과가 건물이라는 직물 안에 전시물을 문자 그대로 "끼워 넣는다"는 것이며, 따라서 이 시 설의 암시적인 개념은 19세기에 확립된 폭넓은 콜렉션의 규범적인 형식인 개방된 단부의 갤러리와 같은 것 이기보다는, 오히려 런던의 〈존 손 박물관〉에서 구현된 친밀한 감각과 더 가까운 것이라 말할 수 있다.

Frankfurt Museum Of Decorative Arts

Schaumainkai 15-17, Frankfurt am Main, Richard Meier

작품설명

| 디자인 컨셉 |

리차드 마이어는 낭만적인 모더니스트 건축가로 세련된 건축을 하고 있으며, 자신의 작품에서 하나의 일관된 주제를 펼치고 있다. 그는 다음과 같이 말한다.

"건축은 모더니즘의 시학, 테크놀러지의 아름다움과 실용성이다. 건축은 하나의 전통이며, 기나긴 연속체로서 전통과 단절하든지 아니면 이를 강화하든지 간에 우리는 여전히 전통과 연결되어 있다. 나의 작업은 그렇게 하지 않으면 존재하지 않을 지도 모르는 질서를 찾아내고 다시 정의하고 어떤 용도나 의미를 부여하기 위한 시도이다"라고 밝히고 있다.

또한 마이어는 수공예 미술관에 대해서 "도시는 타입과 발생되는 사건, 조직과 불연속성, 역사와 디자인의 순간 모멘트간의 관계에 의해 형성된다. 이러한 다이아로그는 프랑크푸르트 암 마인의 수공예 미술관 디자인에 강하게 영향을 미쳤다고 할 수 있다. 도시의 문맥의 관념으로부터 발전된 설계 기본 개념은 지형학적인 모습뿐 아니라 역사적 타이폴로지 모양도 결정하게 된다. 이런 의미에 의해 근대건축에 있어 다소 전원적이거나 역사적인 것에서 멀어졌던 요소들을 이곳에서는 배제하고 있다. 오히려 수공예 미술관은 공공적인 도시의 역할이나 주변환경에 다가갈 수 있는 도시조직을 대변하고 있다. 이것은 공고의 도시문맥과 도시의 패브릭을 더욱 확장하고 강화하는 연결을 뜻한다."라고 하였다.

프랑크 푸르트 암 마인에 건축된 수공예 미술관은 장식미술품을 진시하던 빌라 매츠라를 리노베이션한 작품으로 기존의 빌라 매츠라와 긴밀한 관계를 유지하고 있다.

개방된 공간의 제공으로 도심 속의 한적한 분위기를 연출하는 공원은 시민들의 휴식처를 마련하고 있으며 장식 미술관의 남측부와 공원과 연결된 건물의 1층은 카페를 마련하여 한적한 공원과 미술관을 연결하는 매개공간으로의 역할을 담당하고 있다.

기본적인 배치는 빌라 매츠라를 포함하여 4등분된 4개의 정방형의 조합으로 되어있다. 신축된 「장식 미술관」과의 연결은 2층에 마련된 브릿지를 통해 구와 신의 조화를 이룬 것으로 마이어가 추구하는 전통의 연속성을 보여줌으로써 도시의 문맥을 살리려는 시도가 엿보인다. 역사적 타이폴로지를 재현함으로써 공공장소의 도시내의 역할을 담당하게 된 것이다.

입면과 평면의 기본모듈은 빌라 매츠라의 모듈을 그대로 적용하였다. 평면의 배치는 빌라 매츠라를 마인강을 향하면서 감싸는 배치를 하고 있으며 공원과의 자연스러운 연결을 위해 3도가 틀어진 배치를 유지하고 있다.

입면구성은 영화의 몽타쥬 기법을 이용하여 투명성이라는 주제를 실현시키고 있다. 겹겹이 쌓인 벽체에 의해 감싸인 실체는 겹쳐보이는 효과를 통해 연속적인 시각의 연출이 일어나고 있다.

| 동선순환체계 |

미술관의 진입은 크게 두개의 동선체계를 가지고 있다. 미술관의 동남쪽에 위치한 작은 분수대로부터 미술관으로 유도되어지는 축을 따라 공원을 통과하며 건물의 동남쪽 입면을 향하여 진입이 이루어지면서 도심속의 휴식처를 맞보며 자연스러운 발거름은 이어지게 되어있다. 공원과 접한 카페가 시선과 동선의 움직임을 정지시키게 되며 이어지는 축을 따라 미술관의 중심부로 뻗려들게 계획되어있다. 이축은 미술관 건물을 통과하면서 어린이들을 위한 놀이터에서 강한 유입은 멈추게 된다. 미술관의 주진입이 이루어지는 강변가를 따라 빌라매츠라와 같은 입면구성을 현대적으로 해석한 마이어의 입면이 주진입을 유도한다. 강한 시선유도를 위해 투시도적인 기법에 따라 바닥패턴을 구성하여 주출입구로 강하게 이끌어 들인다. 투명한 외피로 시선이 이끈다. 반원형의 매스가 발걸음을 멈추게 하며 주출입구에 대한 인지를 자연스럽게 유도하면서 내부공간으로의 진입이 이루어지도록 한다. 진입과 동시에 동남쪽의 격자형의 유리창으로 시선이 모이도록 하여 외부의 전경이 하나의 파노라마 화면처럼 처리되어 내부와 외부의 경계를 모호하게 하고 있다. 빌라 매츠라를 제외한 3개의 큰 매스는 북쪽에 위치한 램프를 통해 내부공간과 외부공간과의 구분이 확실하지 않게 이루어진 겹쳐진 공간을 경험하면서 2층에 이르게 되면, "ㄱ"형의 건물이 하나로 합져지게 된다. 물론 내부공간안에서도 외부에서 결정된 축이 지속적으로 이어지며 빌라 매츠라와 연결시키고 있다. 각각의 전시공간은 건물의 중심부을 중정으로 하여 유럽의 전통적인 공간체계를 유지하면서 하나의 구심점을 이루고 있다.

| 프로그램 |

1877년 발굴된 장식예술품과 유럽, 이슬람, 동아시아 등의 예술품을 전시하고 있다. 크게 유럽 컬렉션과 동아시아 컬렉션으로 나뉘며, 유럽 컬렉션은 중세로부터 르네상스, 바로크, 아르누보, 아르데코에 이르기까지 모든 흐름을 알 수 있다. 동아시아 컬렉션은 중국의 자기, 페르시아인의 카페트, 불교의 조각과 보석 등을 진열하고 있다.

| 구조 시스템 |

마이어의 건물답게 유리와 백색 판넬로 이루어진 건축물로 이루어져 있으며 가벽으로 전체를 정방형으로 감싸고 있다. 모든 입면과 평면은 빌라 메츨러의 기본모듈에 따라 현대적으로 재해석하여 구성된 것을 엿 볼수 있다.

Museum für Angewan

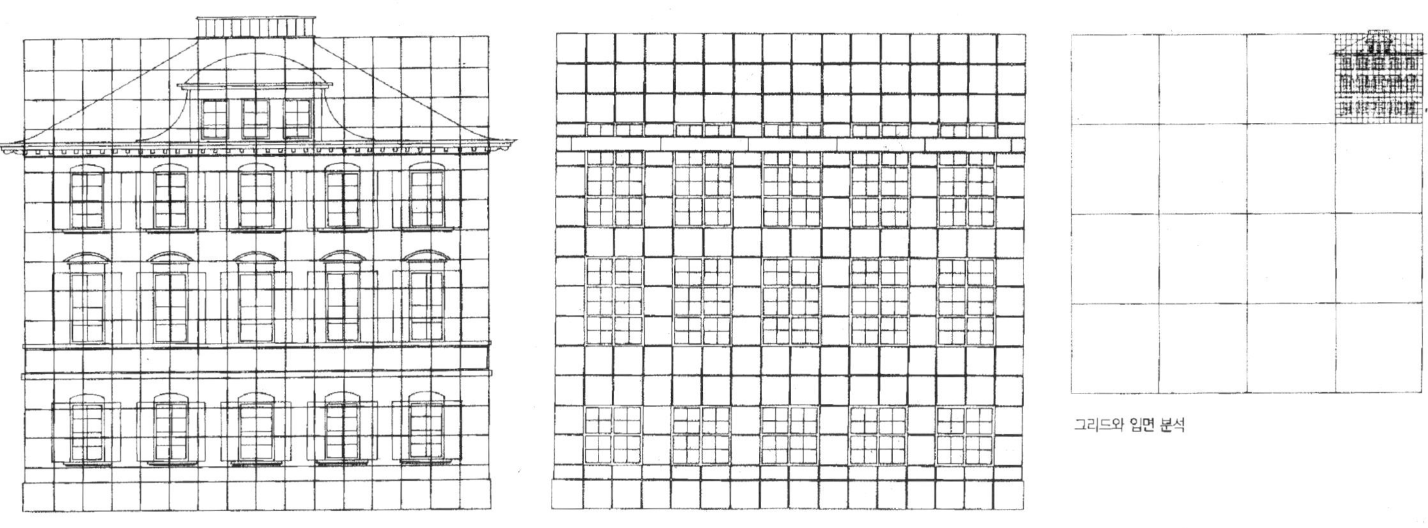

기존 건물과 입면 그리드

창문 그리드

그리드와 입면 분석

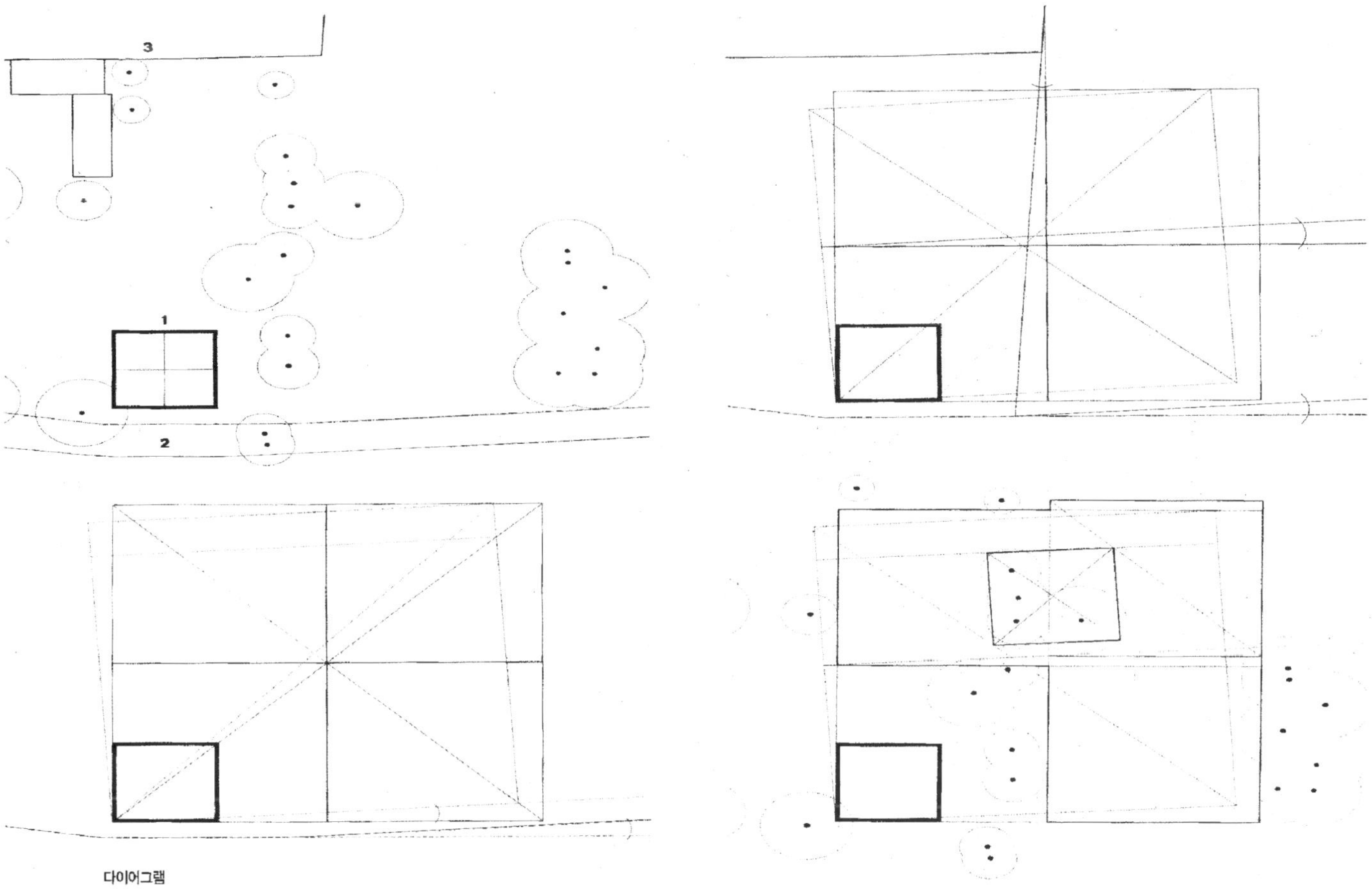

다이어그램
1. 빌라 Metzler
2. 도로
3. 기존 건물

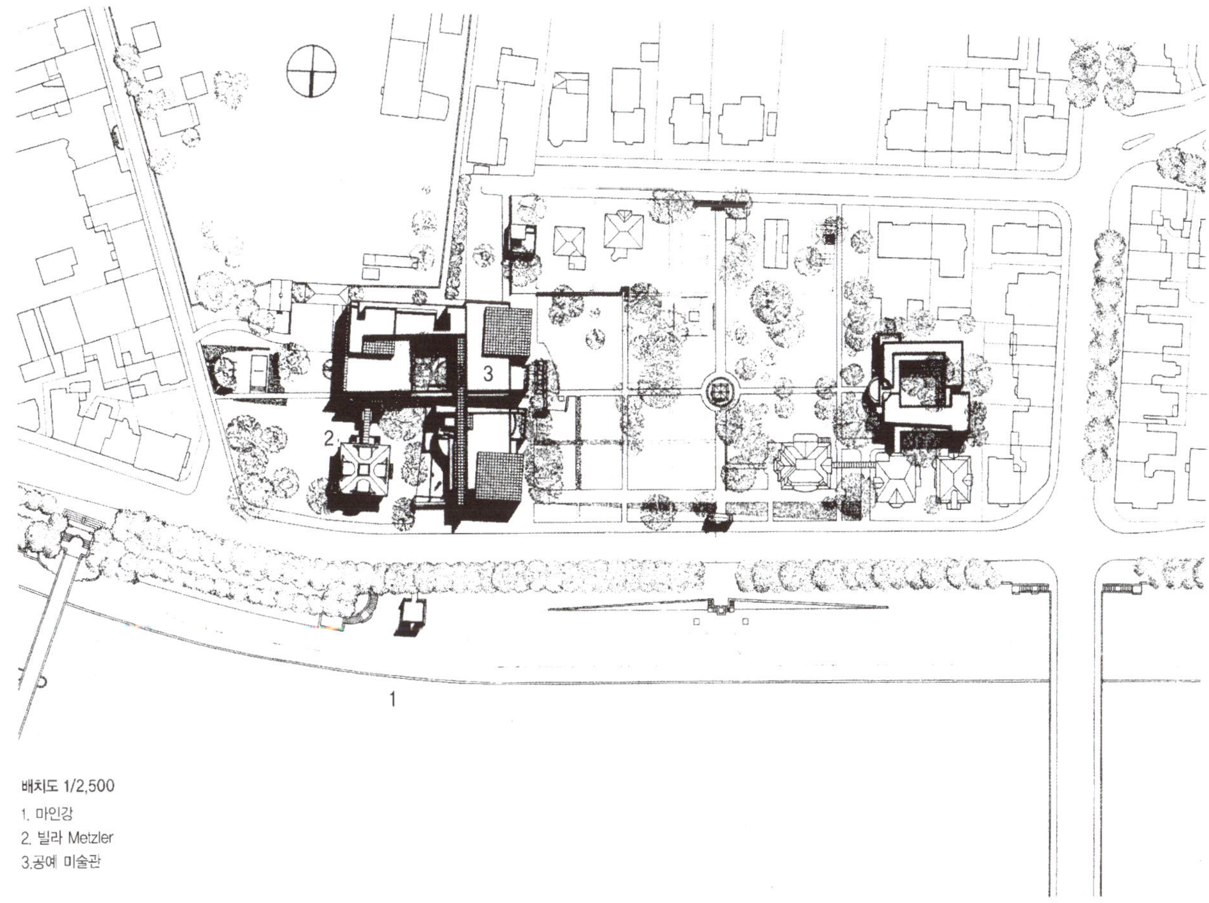

배치도 1/2,500
1. 마인강
2. 빌라 Metzler
3. 공예 미술관

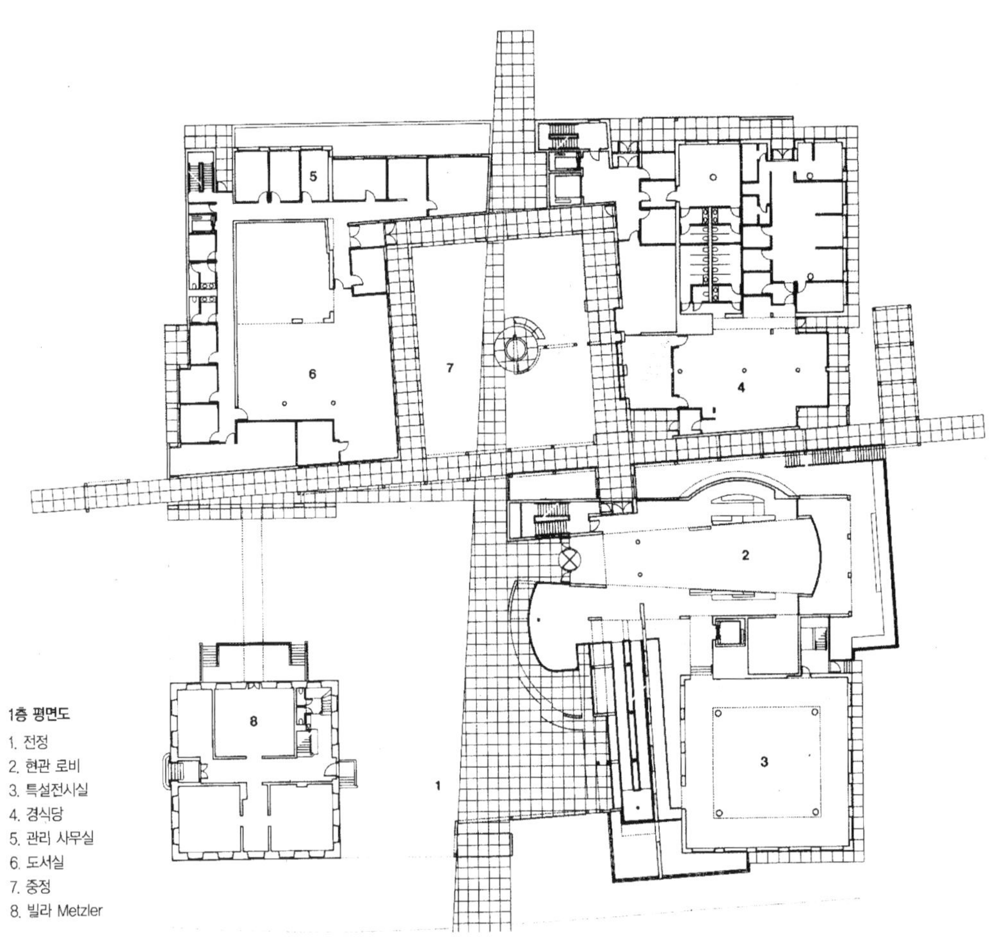

1층 평면도
1. 전정
2. 현관 로비
3. 특설전시실
4. 경식당
5. 관리 사무실
6. 도서실
7. 중정
8. 빌라 Metzler

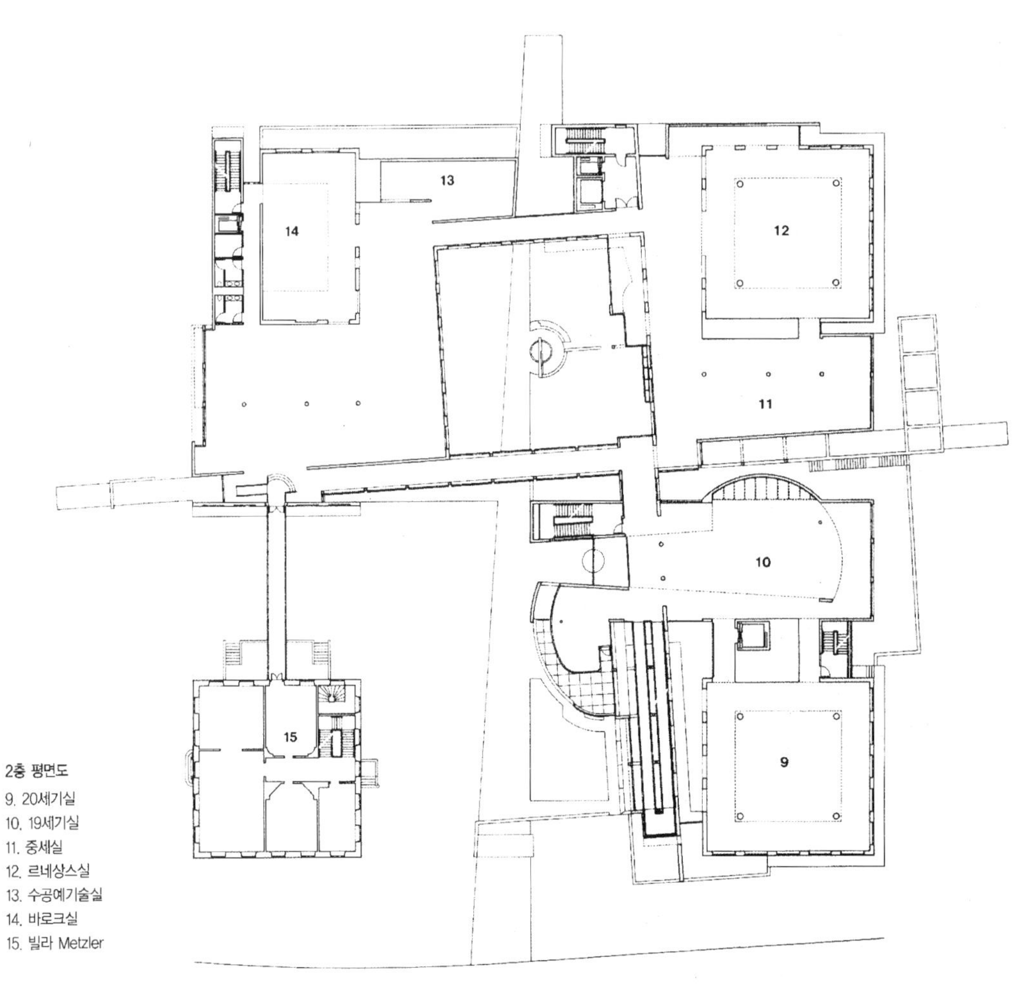

2층 평면도
9. 20세기실
10. 19세기실
11. 중세실
12. 르네상스실
13. 수공예기술실
14. 바로크실
15. 빌라 Metzler

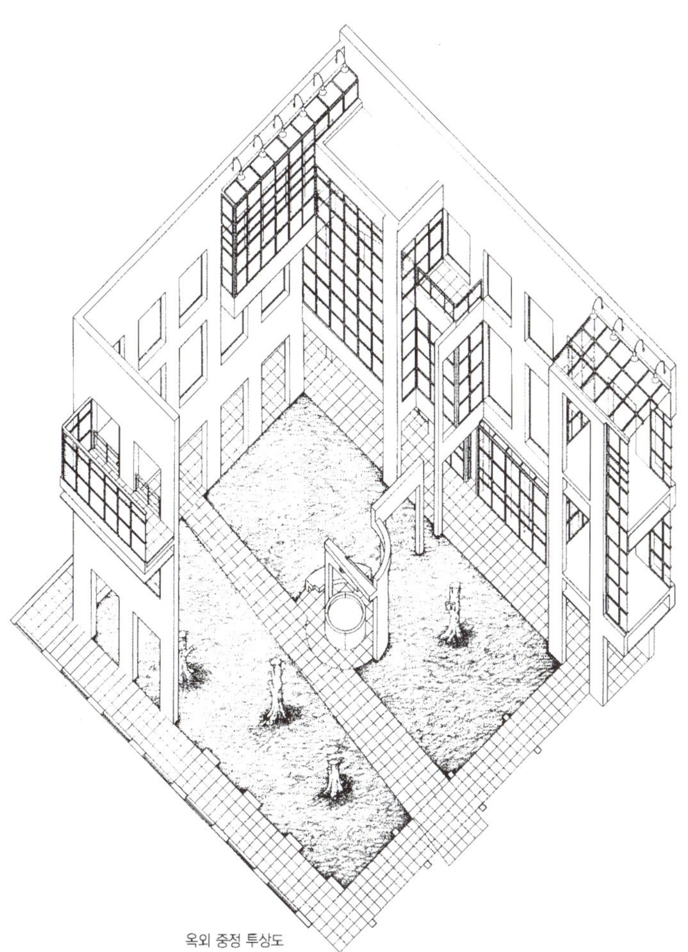

옥외 중정 투상도

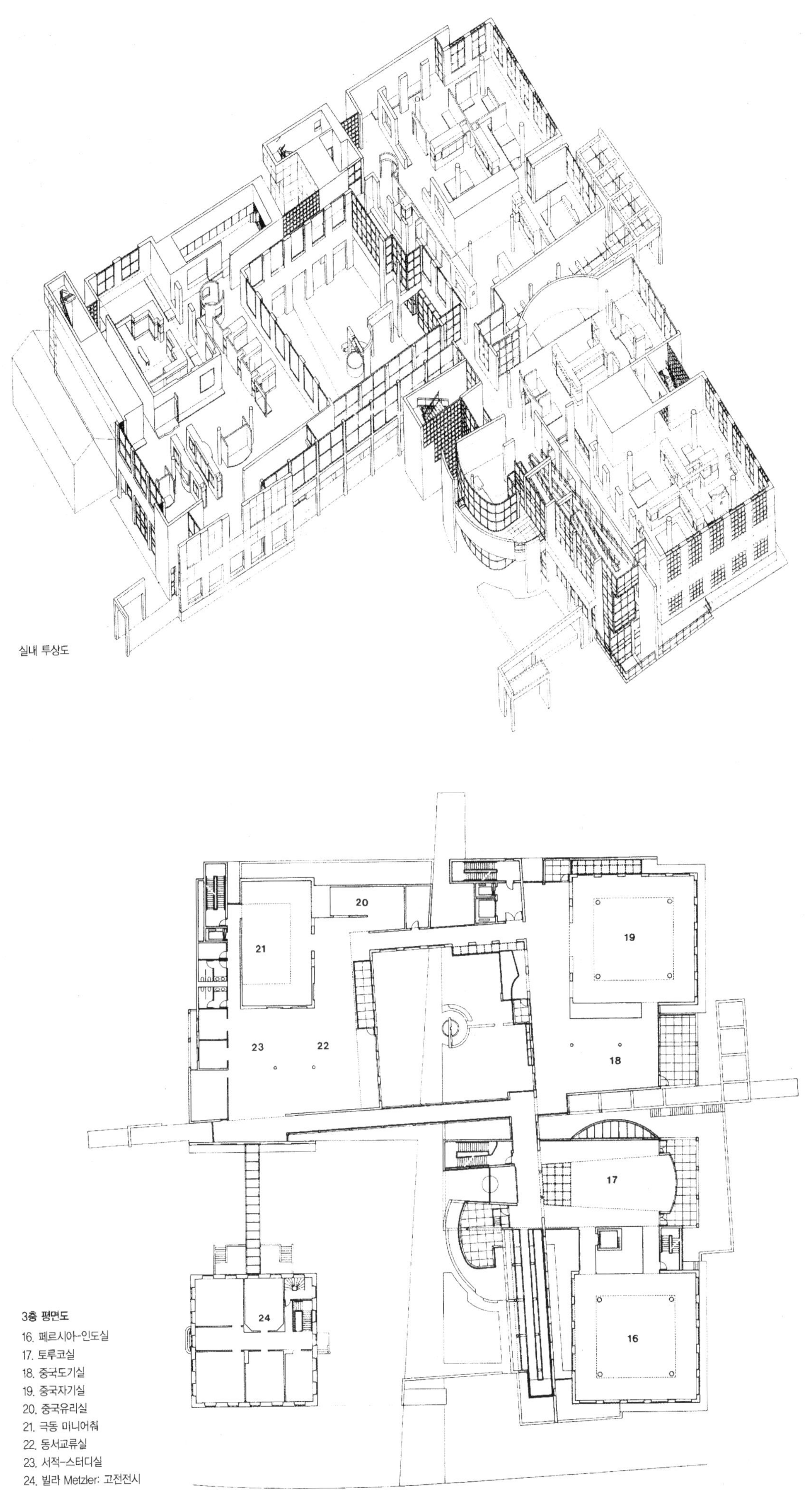
실내 투상도

3층 평면도
16. 페르시아-인도실
17. 토루코실
18. 중국도기실
19. 중국자기실
20. 중국유리실
21. 극동 미니어춰
22. 동서교류실
23. 서적-스터디실
24. 빌라 Metzler: 고전전시

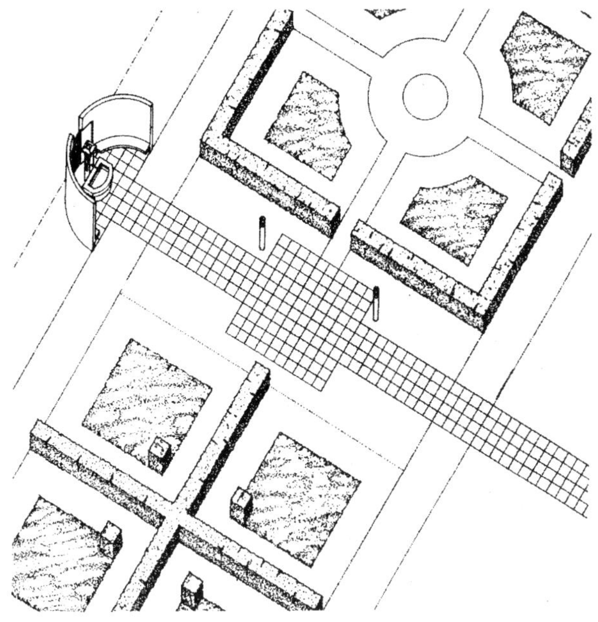

공원, 보행자도로 동서축, 서단부

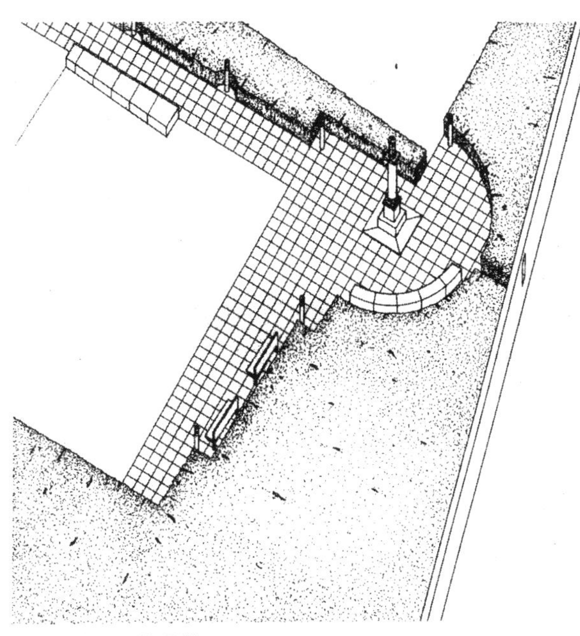

공원, 보행자도로 동서축, 동단부

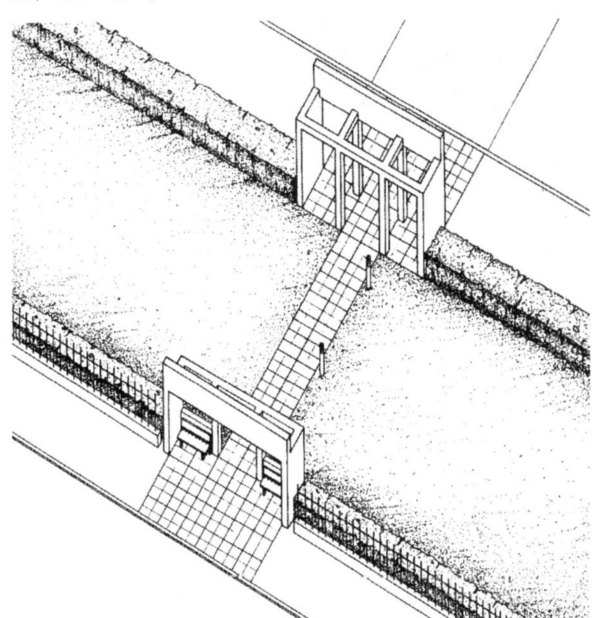

사우만카이, 매츠라입구

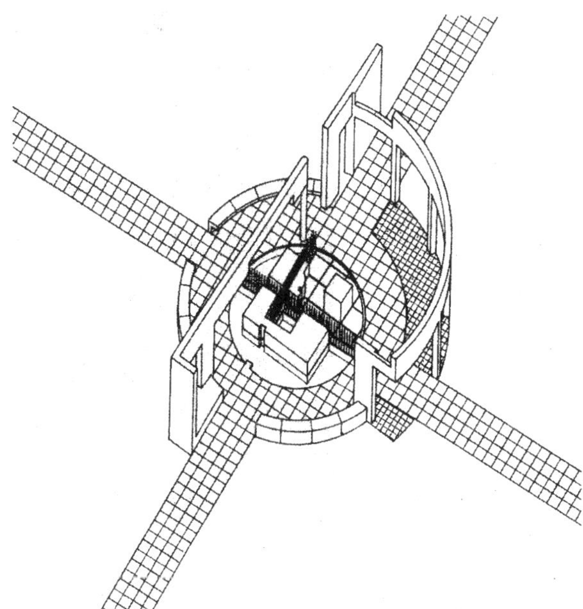

공원, 분수

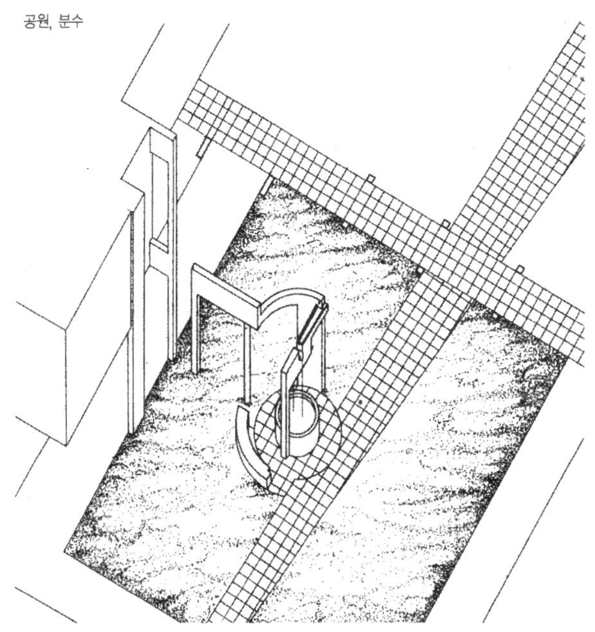

공원, 레스토랑 테라스

공원, 박물관 중정 분수

아메리칸 센터
American Center

프랑스 파리의 아메리칸 센터에 대하여 – Frank Gehry

비평: 당신은 종종 자신의 건축이 회화와 조각에 의해 영감을 받는다고 했는데, 그것은 스스로를 건축가라기보다는 예술가로서 더 생각하고 있기 때문이라고 했습니다. 맞습니까?

게리: 나는 건축가입니다. 나는 예술과 건축이 같은 근원에서 나온다고 생각합니다. 양자는 같은 투쟁을 얼마간 공유하고 있습니다. 내가 처음 일을 시작했을 때, 나의 첫 번째 작업은 예술가들에 의해 고무된 것이지, 다른 건축가들에 의해 고무 된 것은 아닙니다. 실제로 다른 건축가들은 나의 작업에 의심을 품고 있습니다. 그러나, 에드 루스카(Ed Ruscha), 에드 모제스(Ed Moses)를 비롯해 로스엔젤레스 예술가들은 항상 너무나도 나에게 협력적인 사람들이었습니다. 그들은 나의 지지세력이 되어왔으며, 오늘날에도 여전히 나의 지지기반인 것입니다. 나는 60년대의 산물입니다. 루스카, 리차드 세라, 클레이스 올덴버그와 같은 사람들은 동시대의 인물들이며 동시대의 정신을 갖고 있습니다. 나는 항상 그들의 작업에 깊은 관심을 갖고 있습니다. 나는 또한 항상 그들의 생각과 관계를 맺어왔으며, 그 당시의 표현, 즉 미니멀리즘, 팝 아트와 같은 표현 양식과 관계를 맺고 있습니다. 나는 이들 예술가 친구들과 관련되어 있습니다. 많은 경우에 있어, 우리들은 매우 비슷하지만, 그러나 나는 여전히 건축가인 것입니다.

비평: 그 유사성이란 어디에서 발견될 수 있을까요?

게리: 나는 아직도 매력이 있는 순수 미술과 회화를 통해 건축에 왔습니다. 회화는 눈을 훈련시키는 하나의 방법입니다. 우리는 어떻게 사람들이 하나의 캔버스를 구성하는지 보게됩니다. 부르겔(Bruegel)의 방법은 카라바지오(Calavaggio)의 방법과 정반대로 캔버스를 구성합니다. 나는 이러한 캔버스로부터 구성에 관해 배웠습니다. 나는 그러한 시각적 연결고리와 아이디어들 모두를 선택했습니다. 그리고 나는 스스로 그것들을

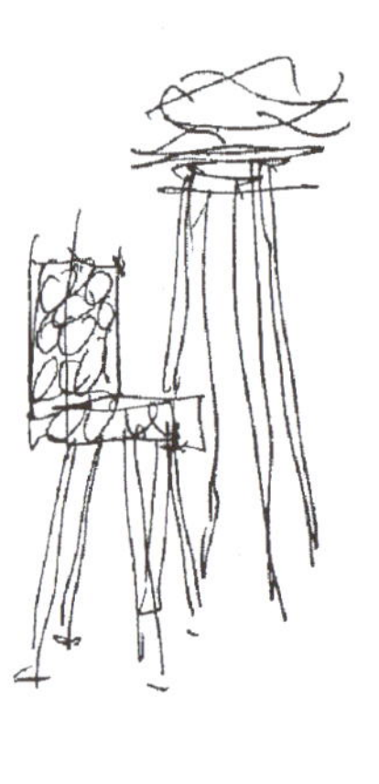

1   2

1 물고기와 뱀의 램프 / 스케치
2 물고기와 뱀의 램프 / 램프들
3 Jenck's Front Porch / 아상블라주
4 Experimental Edge / 스케치

종종 사용하기도 합니다.

피에트 몬드리안은 그로피우스에서 르 꼬르뷔제에 이르는 많은 건물들의 창문과 벽의 입면들에 영감을 불어넣었습니다. 나는 현재 살아있는 화가들과 조각가들로부터 도움을 받는 행운을 누리고 있습니다. 나는 예술가들의 행위와 건축가들의 행위사이에 매우 다른 차이가 있다는 것을 결코 느끼지 못합니다. 대신, 나는 항상 어떤 색, 어떤 사이즈, 어떤 구성을 결정할 때 진리의 순간이 있다는 것을 항상 느낍니다. 어떻게 그러한 진리의 순간을 느낄 것인가는 각각 다르며 그 결과도 각각 다릅니다.

진리의 순간은 예술가일 경우, 그 사람이 스스로 캔버스와 마주해야만 할 때 그리고 제일 처음의 선을 그리고 붓질을 할 때입니다. 스스로 어떤 결정을 하고 어떤 방향을 잡아야만 하는 바로 그 순간인 것입니다. 하나의 건물에 있어 그러한 순간은 상당히 많습니다. 마치 〈아메리칸 센터〉와 같이 무엇이 그렇게 보이는 건물을 만드는지에 있어 그것은 매우 필수적인 것입니다. 그것은 진리의 순간들 모두 그리고 나의 선택의 모두를 집합한 것입니다. 건물의 형태는 건축가가 다른 건물을 카피하지 않는 한, 그 자신의 가치 안에서 나오는 것이어야 합니다.

비평: 아메리칸 센터를 지을 때 대지의 개발에 즈음해서 격은 문제점들은 어느 정도였습니까? 결과적으로 당신이 다룰 예정이었던 13개의 다른 프로젝트들에서도 대지는 어떻게 다루고 있습니까? 뛰어나게 처리하려고 하셨지요? 어떻게 당신만의 오리지날 선언을 하셨는지, 그리고 여전히 변함없이 유지될 수 있었는지를 설명해 주십시오.

게리: ...음. 나의 지각은 항상 세계가 존재하는 방식, 그리고 그것을 긍정적으로 다루는 방식을 다루어왔습니다. 나는 그것을 내가 알 수 없다거나 하는 이유로 바꾸려고 하지 않았습니다. 그래서 나는 그(세계) 안에서 맞추려고 노력했으며, 동시에 그것 때문에 혼란이 되기도 했습니다. 도시에서 작업을 한다는 것은 수동적인 행위보다 더욱 많은 것을 요구합니다.

3　4

아메리칸 센터

비평: 당신은 어떻게 기술적인 문제들을 다루었습니까? 기술적인 문제들은 건축의 예술성 추구에서 어디에 위치하고 있습니까?

게리: 기능적인 모든 문제를 해결하려 하는 것은 지적인 훈련입니다. 이것은 나의 뇌의 다른 부분에서 이루어집니다. 그것은 덜 중요한 것이 아니라 단지 다를 뿐입니다. 그리고 나는 그러한 문제들을 해결하는데 있어 하나의 가치를 만듭니다. 이때 나는 문맥과 건축주의 요구를 다루며 내가 그 문제를 이해한 후에 진리의 순간을 발견합니다. 만일 당신이 우리의 디자인 프로세스를 본다면, 건축(architecture)이 빠진 건물(building)에 대한 실용적인 문제해결을 보여주는 모델들을 보게될 것입니다. 그런 후 당신은 마지막 쉐마로 이끌어주는 스터디 모델들을 보게됩니다. 우리는 형상(shapes), 조소적 형태를 가지고 시작합니다. 그리고 나서 기술적 부분들을 사용하여 작업합니다.

비평: 그러한 과정은 마치 많은 건축가들이 해온 것과 같은, 과거에서 빌려온 많은 수의 형태들과 디테일들을 전유함으로써, 즉 신고전주의로 회귀함으로써 보다 중요한 그리고 보다 실체적인 것으로 자신의 건물을 보이게 노력했던 것처럼 보입니다.

게리: 당신도 알고있는 바와 같이, 다른 건축가들이 그리스 신전처럼 보이는 건물을 만들기 시작했을 때 나는 매우 화가 났습니다. 나는 그러한 행위가 현재를 거부하는 행위로 생각했습니다. 그것은 우리들 아이들에 대한 타락한 행위입니다. 그것은 마치 우리들이 미래에 대해 긍정적일 이유가 아무것도 없다고 아이들에게 말

5

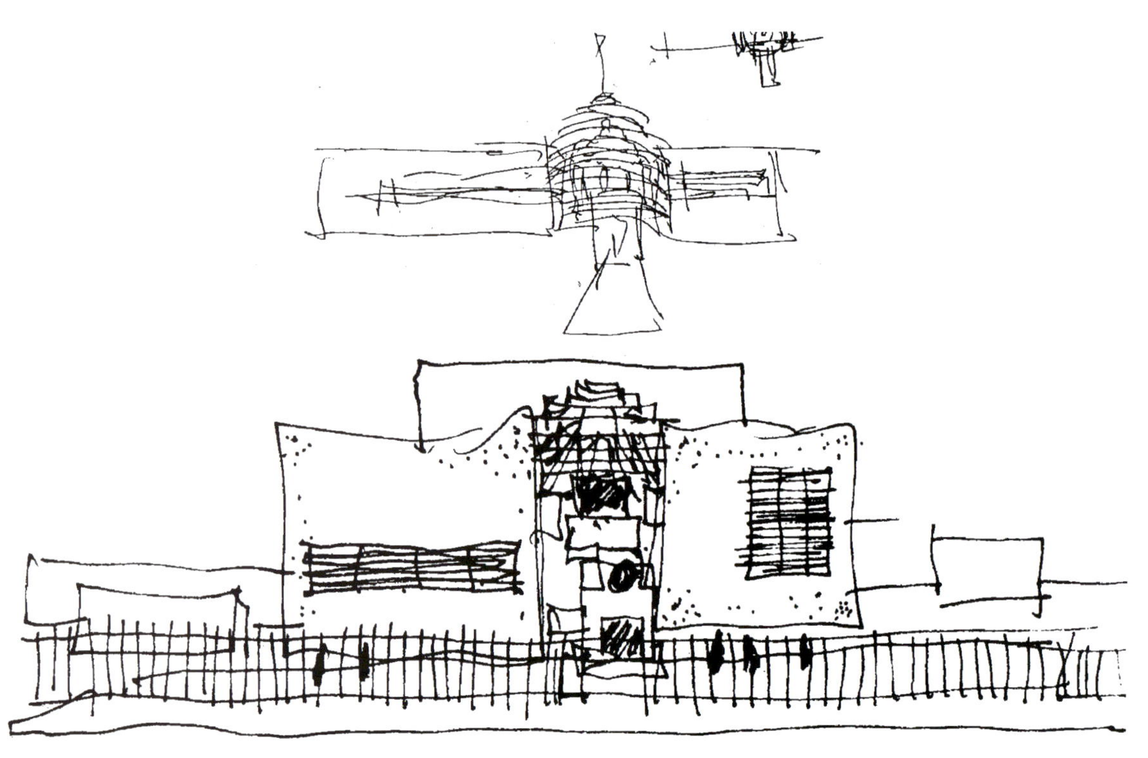

6

하는 것과 똑같습니다. 그래서 나는 화가 났습니다. 물고기는 수 천만 년 동안 우리들 주위에 있었기 때문에, 바로 그래서 나는 물고기를 그리기 시작했습니다. 물고기는 매우 유동적인 자연의 창조물입니다. 물고기의 형상은 연속적인 형태이며 여전히 생존합니다. 그리고 그것은 고안해서 만들어진 것이 아닙니다. 진리를 말하기 위해, 진리가 처음 나에게 나타났을 때 그것은 중심적인 형태가 되려하지 않았습니다. 그것은 본능적인 것이었습니다.

비평: 오늘날 다원주의가 건축을 지배하고 있는 것 같습니다. 이러한 상황은 모순되지 않습니까? 아니면, 당신은 그것이 오늘날 세계의 모순을 반영하고 있다고 생각하는 것입니까?

게리: ...음. 건축에 관한 한, 나는 다원주의가 미국에 있어서의 시대상을 반영한다고 생각합니다. 내 생각에 다원주의는 좋은 현상으로 생각됩니다. 그것은 미국적인 방식입니다. 개인적인 표현방식인 것입니다. 다원주의는 회화나 조각에 있어 해로운 것은 아닙니다. 그리고 그것은 또한 건축에 있어서도 해로운 것은 아닙니다.

American Center

Rue Pommard et de Bercy (12e), Paris, France, Frank O. Gehry

작품설명

| 디자인 컨셉 |

아메리칸 센터의 가장 큰 형태적 특징은 자유로움에 있다. 프랭크 게리는 기능적인 매스를 구분하고 이를 조합하여 전체 형태와 그 여백의 공간을 구성하는 방법을 적용하여 이 건물을 디자인하였다. 건물의 남쪽은 주 출입구가 있고 건물 전체의 이미지를 제공하는 곳으로 이 건물 디자인에 가장 중점을 둔 곳이다. 처음 대하는 이미지는 서로 충돌하는 매스들로 인해 폭발하고 있는 형태를 연상시키는데, 이 곳에서 그 존재감을 인식시키기에는 충분하다. 내부 공간은 입구와 중심 홀을 중심으로 매스들이 분산되어 있고, 내부 홀은 이러한 매스들이 충돌하면서 생기는 공간들로 인해 예기치 못한 다양한 형태의 공간들이 존재하게 된다. 또한 이 홀 공간은 상층부까지 오픈되어 다양한 매스에 의해 생기는 돌출된 면들과 천창을 통해 들어오는 빛에 의해 다양한 공간감을 연출하고 있다.

| 프로그램 |

아메리칸 센터는 원래 1931년에 설립되었지만, 아네스트 헤밍웨이, 헨리 밀러 등의 단골이 출입한 1930년대부터 50년대의 이곳은 사라지고 60년대에는 무대 연극도 들어가 음악이나 댄스 등의 아트를 주역으로 한 미국 현대 미술의 쇼 케이스가 되었다. 몬 파나스의 라스파유 대로로부터 이전해 온 이곳은 이전에는 와인 공업으로 유명했던 지역이었다. 그러나 지금은 낡은 창고는 사라지고, 주거시설, 프랑스 대장성 신청사, 스포츠센터, 베루사-공원 등의 공공 시설이 들어서 새로운 환경이 조성되었다. 아메리칸 센터는 400석의 극장을 가지고 있고, 다목적 홀, 오피스, 갤러리, 조각 테라스, 어학 스쿨, 도서관, 레스토랑, 카페, 아티스트용 아파트 시설들이 들어서 있는 19만 8,000평방 피트의 예술 문화시설이다.

| 동선순환체계 |

이 건물은 기존 와인 공장이 있던 지역이 재개발
된 신도시에 위치하고 있다. 인근 공원의 입구에
위치하면서 주 출입구 또한 공원과 공유하고 있
다. 건물의 주 출입구는 전체 솔리드한 매스에 입
구부분만 유리로 마감하여 쉽게 인지할 수 있도록
계획되어 있다.
입구 홀에 들어서면 상층까지 오픈된 공간을 접하
게 되는데 이곳에서 상층으로 이동하는 동선을 한
눈에 볼 수 있다. 입구 홀 전면에는 양쪽으로 갈
라지는 계단을 만나게 되는데, 이 계단 위에는 돌
출된 테라스가 있어 홀에서 전체 시선을 집중시키
고 있다.

| 구조 시스템 |

이 건물은 형태적 특성상 건물 전체가 구조체로서
작용하고 있다. 서로 어긋난 매스들은 서로를 지
지하면서 서있고 오픈된 공간에는 기둥들로서 보
완하고 있다. 외벽은 미색의 석재로 마감하고 있
고, 창틀은 나무로 프레임을 만들어 전체 이미지
를 통일 시키고 있다. 또한 입구의 전면 유리창은
철재를 사용하여 다양한 형태의 입면을 표현하고
있다.

| 주요 디테일 |

- 로비 계단: 2층까지 오르는 이 계단은 로비에서
  가장 눈에 띄는 곳에 위치하고 있고, 상부에 돌
  출 테라스가 놓여 강한 인상을 준다.
- 측창: 로비에서 보이는 상부의 측창들은 매스가
  충돌하면서 생긴 틈들로 이곳을 통해 들어오는
  빛에 의해 공간에 생동감을 부여하고 있다.

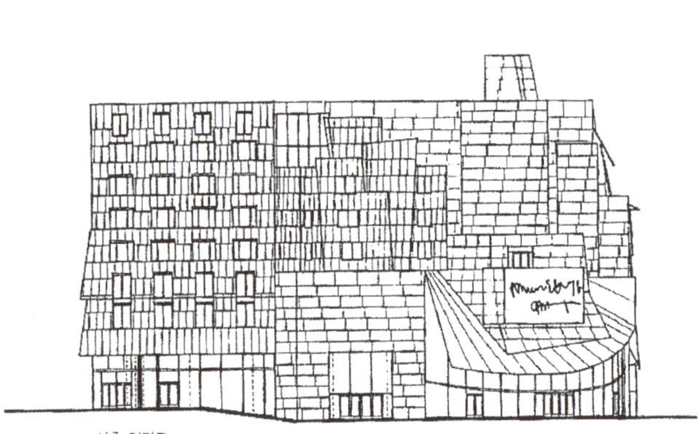

서측 입면도

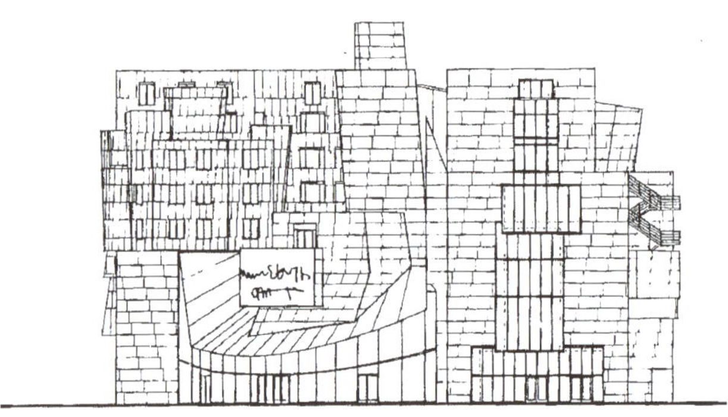

남측 입면도

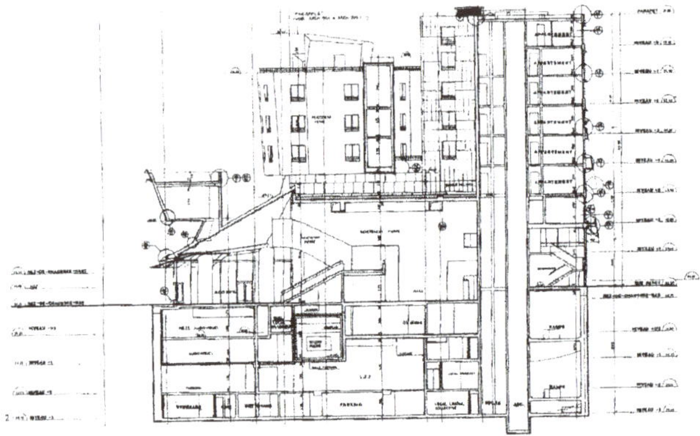

입구홀측 단면

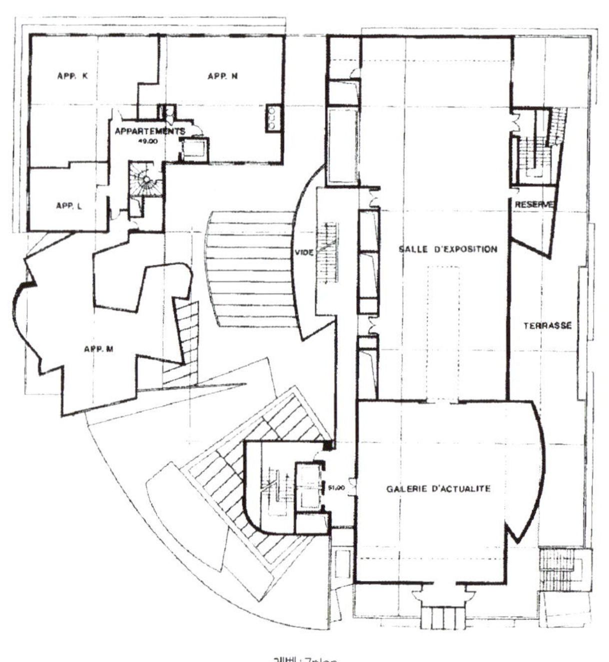

레벨+7plan

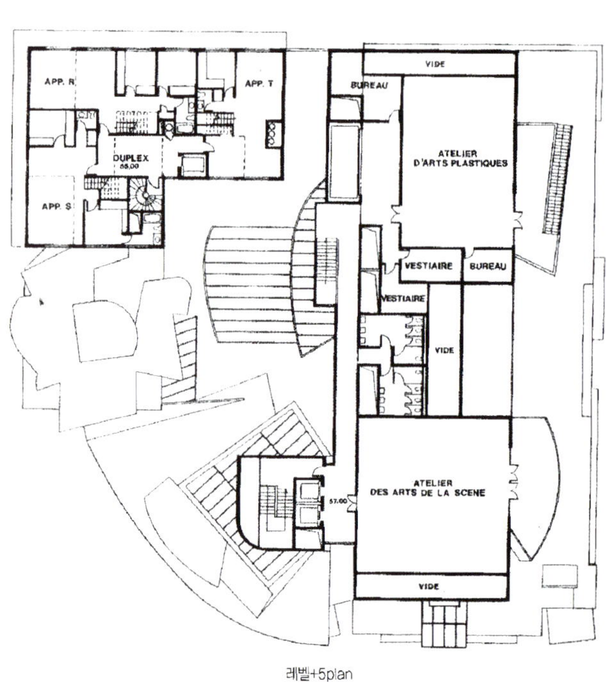

레벨+5plan

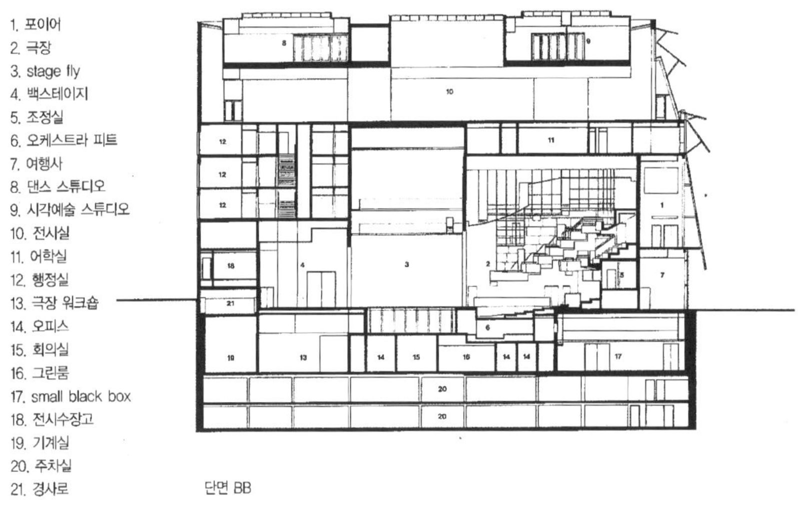

1. 포이어
2. 극장
3. stage fly
4. 백스테이지
5. 조정실
6. 오케스트라 피트
7. 여행사
8. 댄스 스튜디오
9. 시각예술 스튜디오
10. 전시실
11. 어학실
12. 행정실
13. 극장 워크숍
14. 오피스
15. 회의실
16. 그린룸
17. small black box
18. 전시수장고
19. 기계실
20. 주차실
21. 경사로

단면 BB

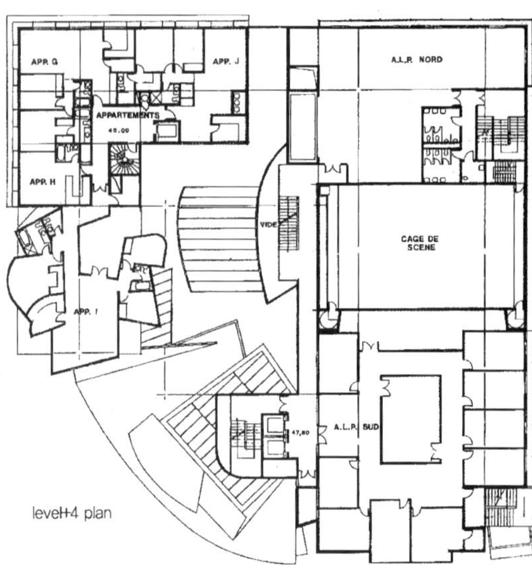

level+4 plan

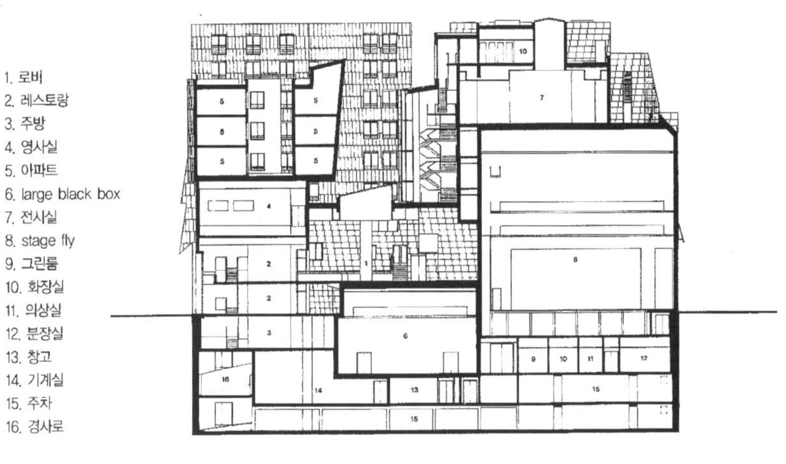

1. 로비
2. 레스토랑
3. 주방
4. 영사실
5. 아파트
6. large black box
7. 전시실
8. stage fly
9. 그린룸
10. 화장실
11. 의상실
12. 분장실
13. 창고
14. 기계실
15. 주차
16. 경사로

단면 AA

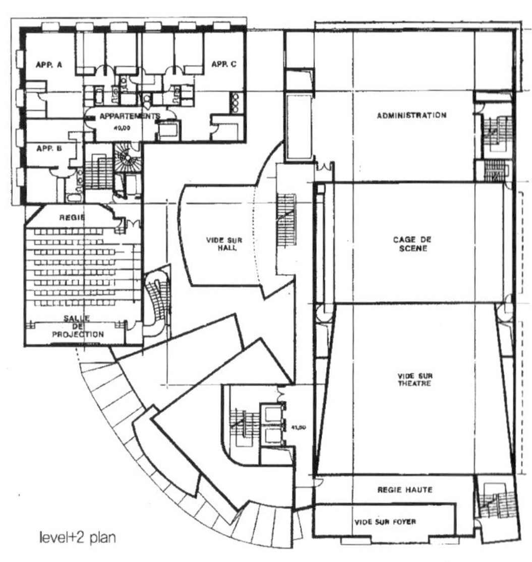

level+2 plan

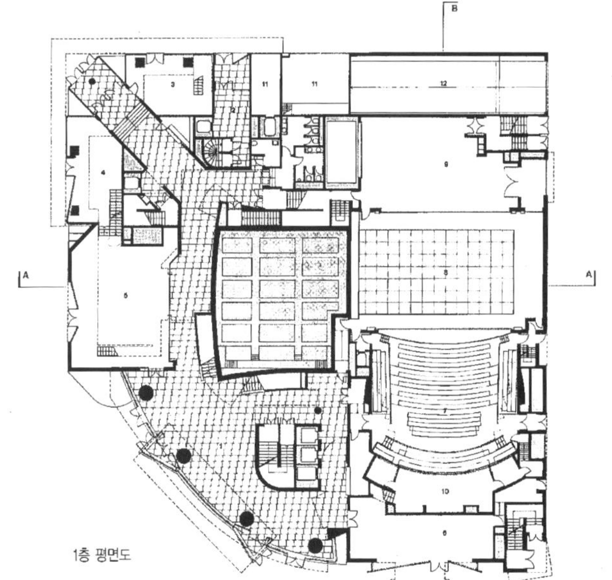

1층 평면도

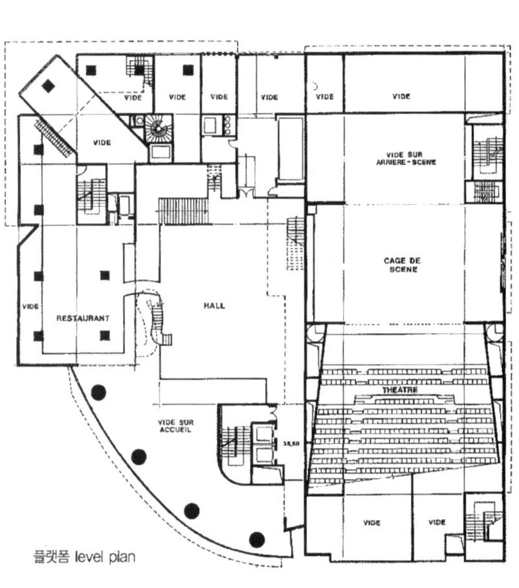

플랫폼 level plan

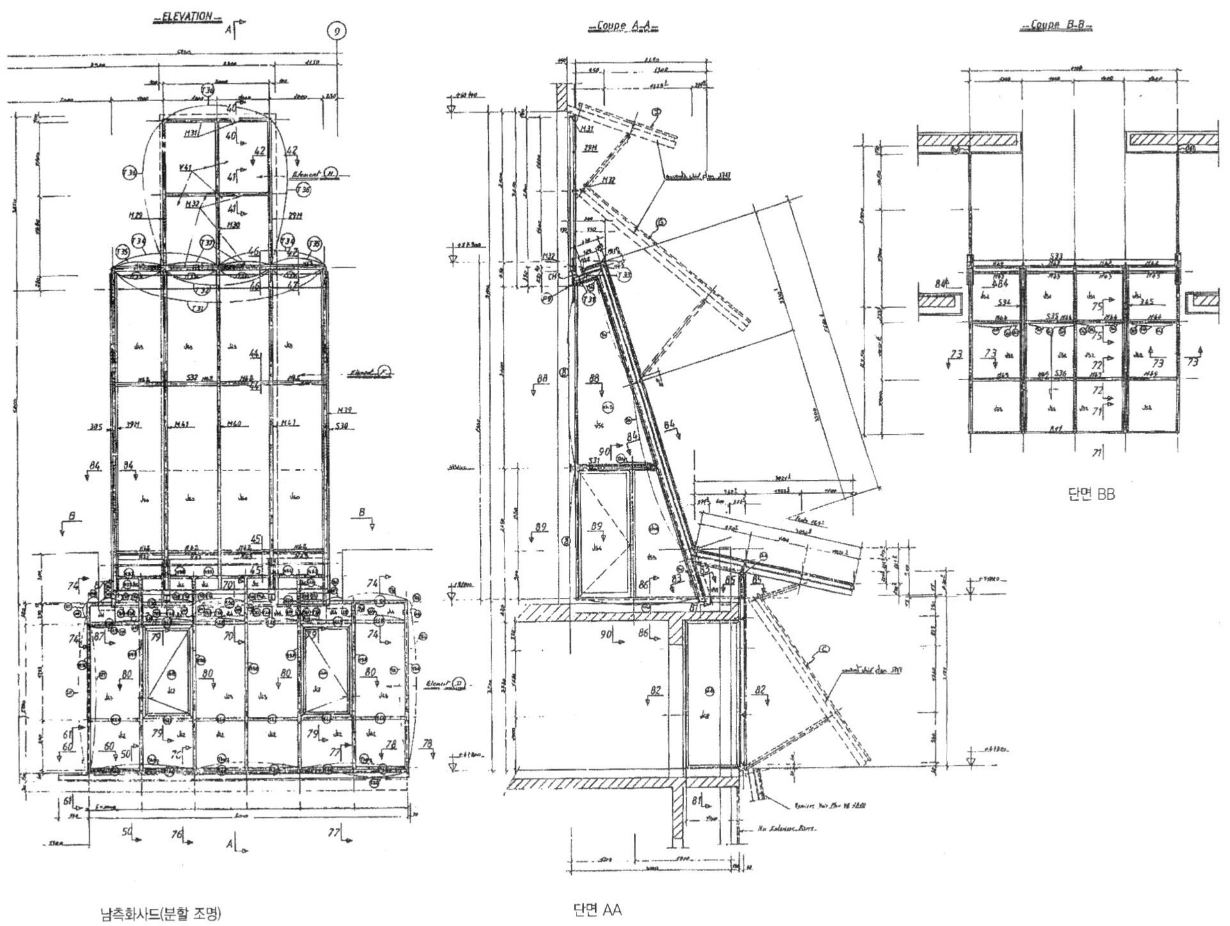

남측화사드(분할 조명)

단면 AA

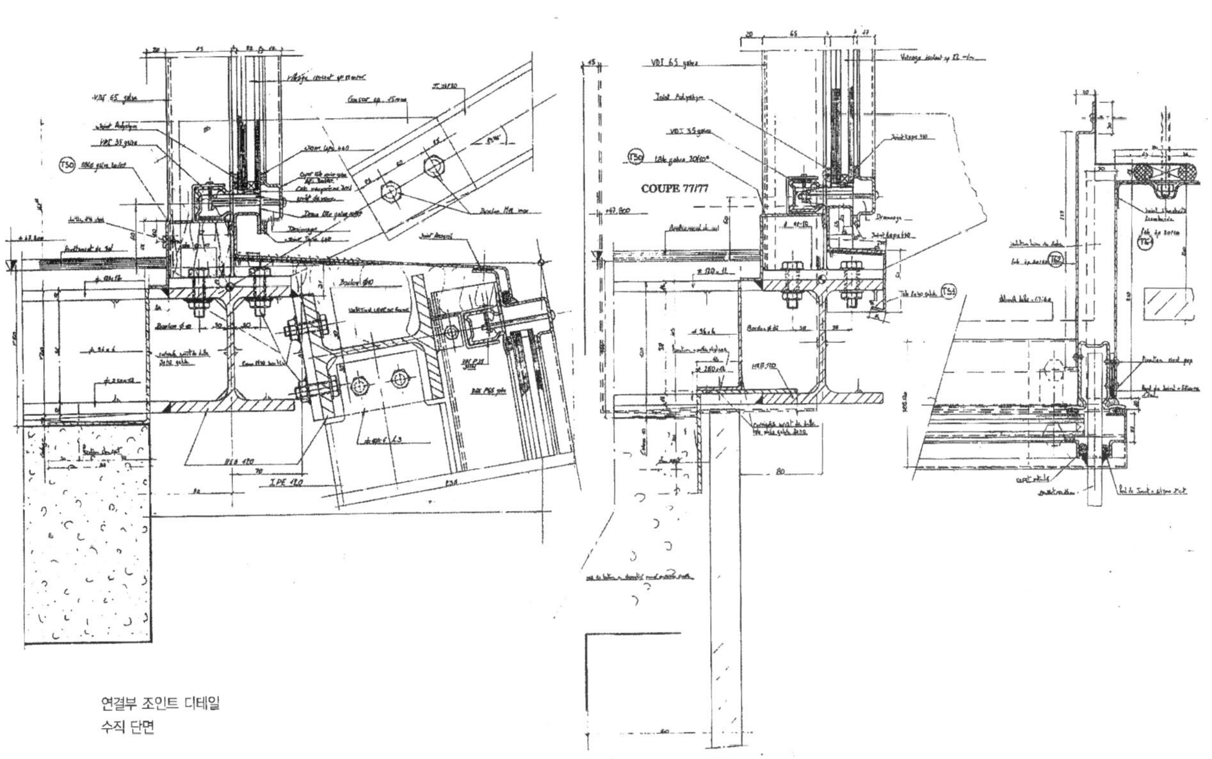

연결부 조인트 디테일
수직 단면

쿤스탈
Kunsthal

도시적 랜드스케이프를 향하여
: Toward an Urban Landscape – Kenneth Frampton

렘 콜하스(Rem Koolhaas)

건축과 도시계획이라는 분야사이의 구별은 50년대 말기에 이미 결정된 사실로 지난 40년 간 어떤 재고도 없이 유지되어왔다. 이러한 권력의 분리는 자연스럽게 환경계획의 예술을 토지의 이용과 교통관리라는 가치 없는 응용과학으로 전락시켰다. 이러한 상황아래 계획의 우선적인 전략은 기호 논리학이며 감독위주의 것이 되었다. 이러한 발전의 조짐은 1974년 로테르담 지방의회가 '물리적 계획'을 대신하여 도시의 발전을 지금까지 이끌어오고 있는 소위 '구조적 계획'으로 대체한 사실에서 볼 수 있다. 1945년 이후 그 계획은 유지되어왔고 규칙적으로 업그레이드되어 왔다. Melvin Webber의 '도시영역의 무장소화(non-place urban realm)'라는 계획에 의해 그 지역의 경제적 발전은 극대화되었다. 그것은 국가적 도로 체계(national road system)의 확장을 통하여 미리 건물이 안 지어진 간척지를 투기에서 벗어나게 하는 것이다.

미국에서도 이런 인프라구조는 자동차와 석유사업체의 로비에 직접적 영향 하에 연방정부의 장려금을 받았을 것이다. 미국에서 전후의 GL Bill과 연방주택국(Federal Housing Administration)의 담보 규정은 직접적으로 이 광범위한 조치에 통합되었다. 이 정책은 철도 시설에 대한 무시와 기존의 모든 일반적 공공 교통수단을 제거하는 전략을 의식적으로 도입함으로써 더욱 가속화되었다. 이 정책은 공공 교통라인을 폐쇄할 목적으로 그것들의 비밀 구입을 고무시킴으로써 더욱 가속화되었다. General Motors는 로스앤젤레스에서 이러한 사업에 직접적으로 관여하였는데 거기에는 50년대 중반까지 광범위하고 매우 편리한 교외 철도 이동시스템이 있었다. 이 네트워크는 폐쇄되었으며 그 전에 도로의 권한은 고속도로 시스템에 적합한 철도에 속해있었다. 이러한 정책들에 수반된 결과는 점차적인 미국 지방 도시의 파괴와 차로 접근하는 교외 슈퍼마켓의 동반 급증을 초래했다. 또한 이들 슈퍼마켓은 전통적인 미국 주 도로의 경제적 파괴를 필연적으로 이끌었다. 40년 동안의 감소 후 이 과정은 우리가 현재의 초대형 슈퍼마켓 체인의 확장으로부터 판단할 수 있듯이 줄어들지 않고 있다. 이런 발전은 조금도 우연적으로 일어난 것이 아니다. 어째든 이것은 과거에나 지금도 통제할 수 없는 투기를 위한 토지 매입으로 인한 더 많은 이익과 협력하는 산업생산의 더욱 커다란 유니트를 유지하기 위해 고안되었다. 이 모든 것에서 미국에 있는 85%의 건물은 건축 전문가의 개입 없이 실현되었다는 것을 우리는 기억해야한다. 이 개입조치도 효과적으로 적용될 수 있는 계획을 하는 동안에는 전체의 사업을 용이하게 하는 정도만의 개입인 것이다.

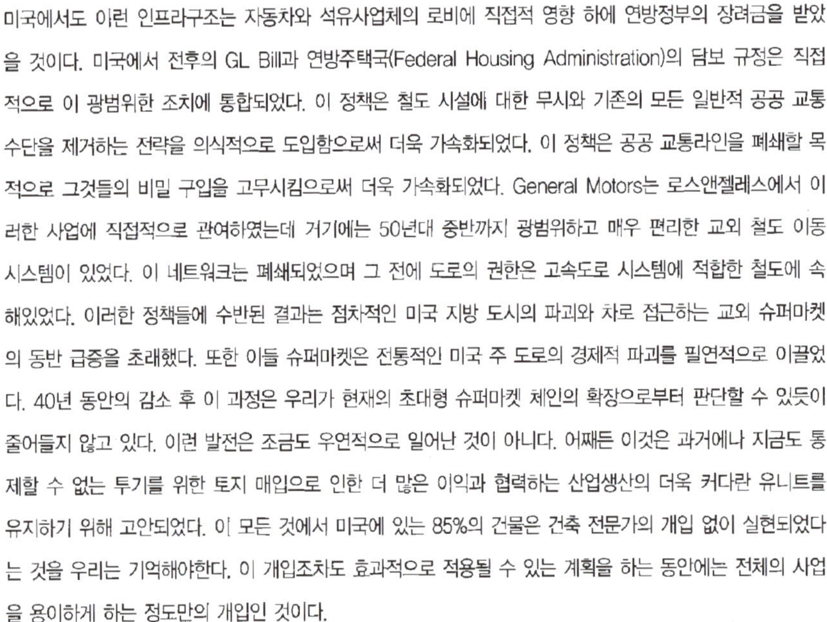

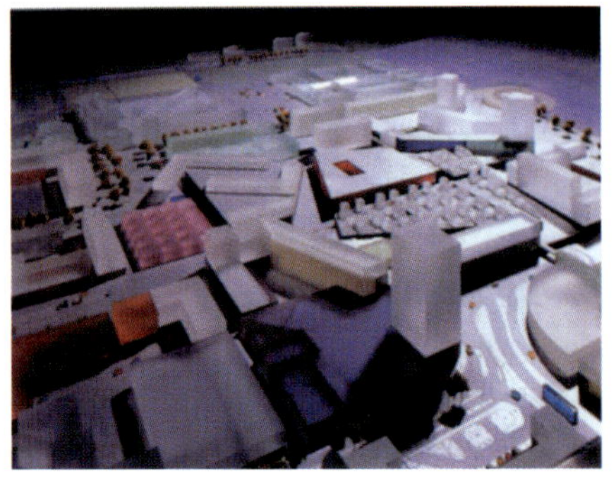

이것은 스페인의 경우와 현저하게 대조되는데, 그곳에서는 현재까지도 모든 건물은 건축가에 의해 설계되도록 법으로 규정되어 왔다. 시장이 점진적으로 세계화 되고 자본이 더욱 유동화 되면서, 다국적 시장 시스템은 전 세계와 어디에나 있는 거대도시에 퍼져가고 있다. 이러한 사실이 잘 알려져 있지만 건축과 도시 계획의 전문가들은 그들 없이 진행하기 힘든 세계적 건물설계과정에서 자신들을 재통합해야 하는 달갑지 않은 과업에 아직도 직면해 있다. 최근의 규제폐지 방침은 유럽과 다른 곳에서 동일한 방법으로 정부 정책의 가장 최고의 단계로 여겨지고 있다. 소위 Package-deal 이라 불리는 접근법을 통한 이익을 합리화하고 독점하려는 건설 산업의 추진과 이것이 거대화된 다국적 자본의 이익의 증거가 아니라고 생각한다면 우리는 자신을 속이고 있는 것이다. 그러므로 우리는 과거 70년대 말에 미국 독점 금지법에 의한 미국 건축가의 명예손상과

1

현재 건축가라는 명칭의 보호받는 위상에 해를 끼치는 유럽건축 산업의 요즈음의 시도를 연관지을 수 있다. 이 움직임의 목적은 명백하다. 즉 자유시장 발전에 대한 신뢰를 극대화하고자 하는 전문성으로부터 오는 결정적인 저항의 어떤 흔적도 없애고자 함이다. 그래서 건축가들은 건물개발업자가 기꺼이 감내할만한 15~25%의 비율보다 많은 중요한 공공사업에 여전히 개입하고 있을지도 모른다. 오늘날 개인의 자본으로 공공사업비용을 모으는 경향은 명백히 건축가의 결정적인 통찰력보다 개발업자의 이익을 선호한다.

이러한 경향은 드러내놓고 인식하는 것이 필요하다. 왜냐하면 우리는 거대도시의 문화적 생태학적 어려움을 최고위의 권력 시스템이 만든 의식적 정치적 관념적 결정의 직접적 결과가 아니라는 생각으로 너무나 쉽게 우리 자신을 속이기 때문이다. 이것을 위하여 대중적이며 소비자 중심주의자의 기호와 세상의 관점은 합리적인 대지의 정착과는 거리가 멀다는 역설적이고 비극적인 사실을 더해야만 한다. 이로 인해 거의 광범위한 자발적인 적대감을 불러일으킨 것으로 보인다. 이것은 부분적으로 인간이 원하는 것은 이미 제공되었다고 확신하게 해주는 부랑자 주거건축사업에 의해 그리고 대부분은 특히 거주 단위가 인접한 계획된 주거단지개발에 어떠한 형태의 담보금도 허용치 않는 은행에 대한 것이다.

60년대 초기 Serge Chermayeff와 Christopher Alexander에 의해 제안된 중재적인 단지 계획 모델의 운명이 이를 증명한다. 나는 주로 잊혀진 1963년의 커뮤니티와 프라이버시라는 협동연구에 관해 언급하려 한다. 이 연구의 일반적인 예측은 시민 센터로서의 도시의 중심은 행정적 편의성과 쇼핑의 양 관점에서 분산화 될 것이라는 것이었다. 저자는 쇼핑도로로서의 주도로는 도시 외곽에 빠른 이동체계가 연계되어 있는 교외에 위치한 쇼핑센터에 자리를 내준 것을 알아차렸다. 결과적으로 Chermayeff와 Alexander는 다음과

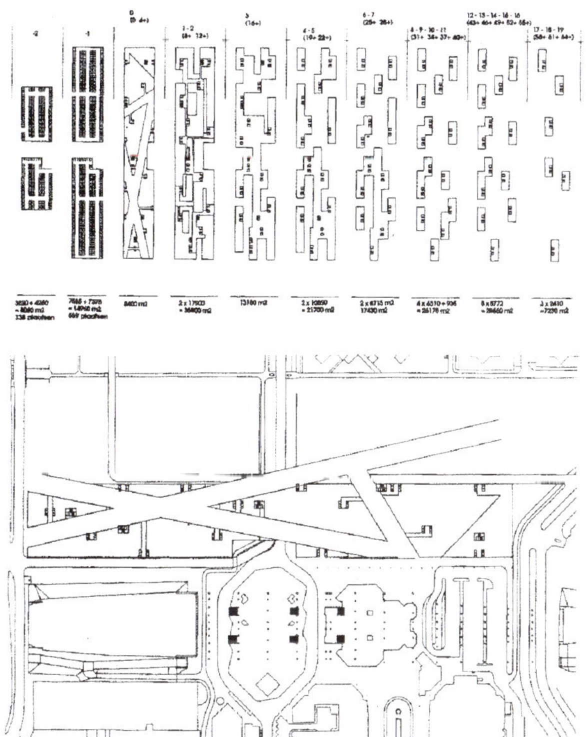

2   3

쿤스탈

같이 비난했다.

시골의 교외 주택지는 실패했다. 왜냐하면 밀도가 낮고 조직도 잘 되지 않았기 때문이다. 개발된 한 구획의 깨끗한 선상에 떨어져 있는 돌과 같이 셀 수 없이 흩어져 있는 주택들은 질서를 창조하지 않거나 커뮤니티를 생성하지 않았다. 이웃은 낯설었고 진정한 친구들은 대부분 멀리 떨어져 있었다. 남편들은 장거리 통근에 고통을 받았고 아내들은 차를 쓸 수 없거나 무보수 운전사 혹은 TV앞에 앉아 있는 갇힌 관중일 뿐이었다.

이 모든 것들은 물론 오늘날 주목할 필요 없을 정도로 익숙한 것이지만, 30년 전에는 Chermayeff와 Alexander의 이 설정에 대한 비판적 반응이 덜 익숙한 것이었다. 커뮤니티와 프라이버시는 교외 단지 정책에 대한 저층, 고밀도의 교외 주택에 기반을 둔 새로운 규정을 제안했다. 널리 시도되지 않은 현재 단지계획의 차량 접근과 교외 개발 공헌은 다음과 같다.

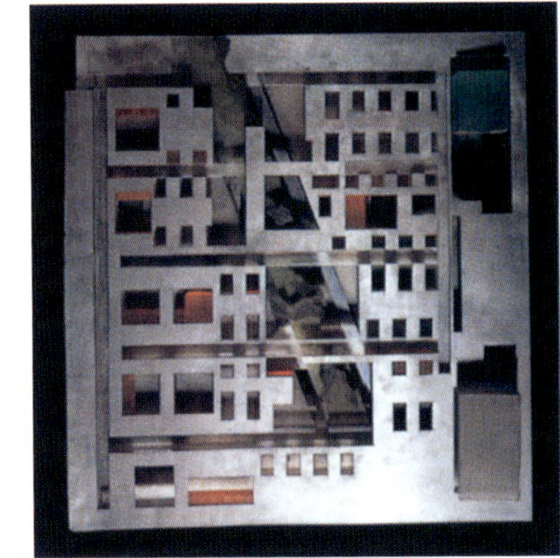

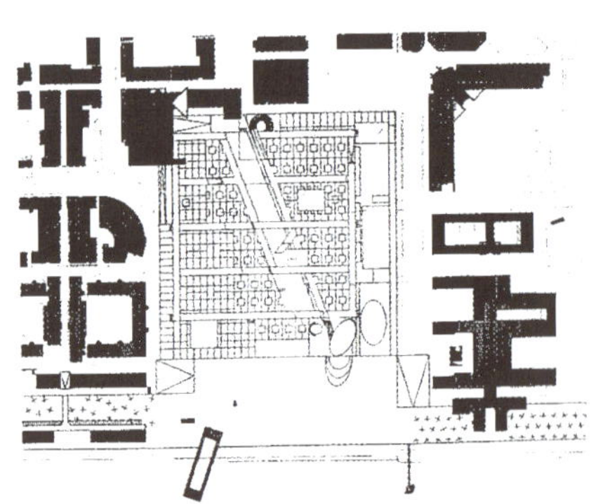

(1) 주거단위 내외부의 완벽한 사생활의 보장

(2) 상호 대응하는 공용공간설비와 함께 모든 주거지로의 효과적인 차와 서비스 접근설비

(3) 서비스 부대시설의 자동적인 경제적 조직

(4) 경제적이고 생태학적인 대지 사용의 견고한 발전 패턴과 그로 의한 땅 점유의 최소화, 기반시설투자 등

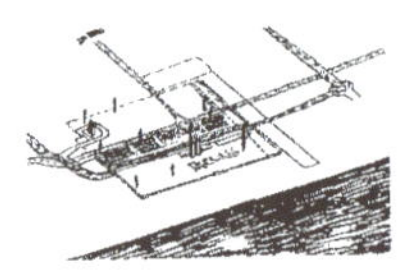
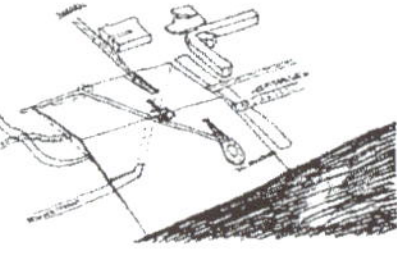
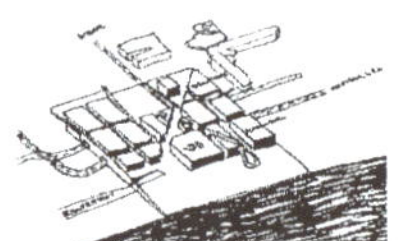
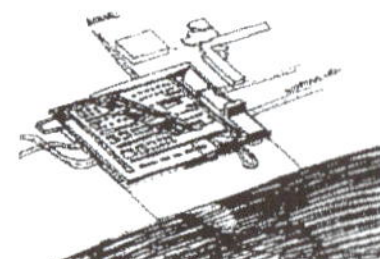

4

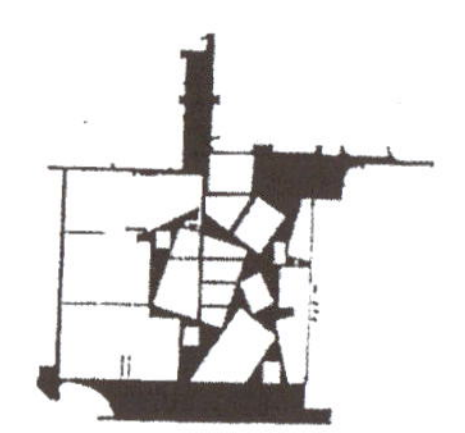

5

(1)   (2)   (3)   (4)   (5)

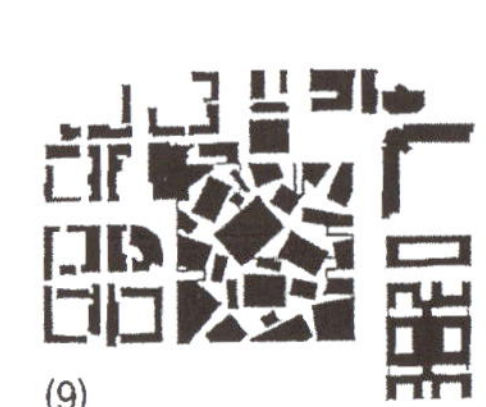

(6)   (7)   (8)   (9)   (10)

내 견해로는 이 합리적 교외개발 모델이 남아 있는 반면 사실상 이것은 지난 30여 년간 별 영향을 끼치지 않았다고 생각 한다. 그러므로 우리가 '자동차 도시(motopian)'를 위한 다양한 대안적 모델을 알고 있지만 이것은 대부분 경제적 정치적 이론적인 이유로 대부분 무시된다. 우리는 생태학적으로 합리적인 단지 계획의 적절한 형태를 고안하는 것이 불가능해 보이는 시대에 살고 있다.

'커뮤니티와 프라이버시(Community and Privacy)'는 공상적이고 터무니없는 제안으로 내몰릴 수는 없다. 이것은 과거에도 그랬고 현재에도 변화된 기술적이고 사회경제적인 상황을 잘 표현한 대답이다. 나는 적절한 단지 계획 형태를 찾고 적용하는 문제를 가진 도시화된 지역의 어려움을 줄일 수 없다고 인정하는 최초가 될 것이다. 그러나 이미 팽창된 거대 도시의 반 기능적이고 낭비적인 측면은 새로운 규모와 새로운 외관에서 보이는 부활한 아방가르드적인 전략의 가설적인 적용을 통해서나 새로운 미학적 근거를 만들어내는 것을 통하여 적당한 대답을 할 수 없다는 것을 인식 하는 것이 중요하다. 우리는 이러한 것을 렘 쿨하스의 Lille에 위치한 거대도시의 최근 제안에서 말하고 있음을 찾을 수 있다.

이것 이상으로 어떤 사람이 자연발생적인 '자동차 도시(motopian)'의 중요한 중재에 의한 합리적 제안할 수 있겠는가? 이 복잡한 문제에 대답하기 선에 나소 수사직인 질문인 아래의 잠정적 논쟁과 비평을 먼저 가정하고 싶다. 건축가들은 적어도 지난 60여 년간 거대도시의 역사적 실재와 타협하려 시도하여 왔다. 그러므로 이 위기가 새로운 것이라든가 적절한 형태가 생각되지 못한 채로 남아 있다고 주장할 수 없다. Robert Moses의 도심지역으로의 Parkway system의 확장이나 꼬르뷔제의 'seven route strategy' 즉 이것은 마르세이유의 시골과 그의 1952년의 '유니테 다비따시옹(Unite d'habitation)' 주변 지역을 재배치하는 수단으로 사용된 미완성의 지하도로(the rhizome avant la lettre)를 말하는데 혹자는 이를 생각한다. 또 혹자는 Alison and Peter Smithson의 'London Roads Study(1953)' 와 그들의 'land castle' 과 'mat-building' 의 개념을 생각한다. 또 혹자는 Peter Land가 계획한 페루 Lima 외곽지역에 있는 Previ의 실

험적 단지를 생각한다. 또 혹자는 1963년 스위스 국제 전시회에서 Aktion Schweiz의 운동 또는 런던 주변의 British Home Countries를 위한 선형도심 제안의 개념 또는 제 3세계의 소위 주택부족을 위한 John Turner의 정책을 생각한다. 혹자는 Doxiades의 방향성 있는 선형의 시 개발인 'Dynapolis'모델과 Shadrach Wood의 논문 'What U can do'를 생각한다. Woods는 10년 전에 쓰인 글을 인용하면서 그의 짧은 논문을 시작한다.

"도시주의와 건축은 계속적인 과정의 일부이다. 도시를 계획하는 것은 인간 활동과 상호작용 하는 것이다. 건축은 이런 행동들의 주거지이다. 도시는 건축이 시작될 때까지 추상적인 채로 남아 있다."

쿤스탈

그는 1970년에 합리적인 복지 상태에 대한 미래의 선포에 명백한 호소를 하며 끝낸다.

"도시설계자와 건축가들에게 더욱 건강한 미래란 한편으로 우리가 진부하고 에너지 소비적이며 쓸모없는 건물들
에 대한 그 모든 화려한 아이디어를 마침내 없애 버릴 수 있다는 것을 의미한다. 그러나 또한 다른 한편으로 그것
의 거대한 잠재적 낭비와 과도하게 연장된 공급라인과 함께 극저밀도 개발을 다시 고려해야만 한다는 것을 의미한
다. 우리는 '낭비가 부를 생산하던' 시기의 종말에 마침내 도달했다. 그리고 낭비에 의해 산출된 부는 부정하다는
것을 발견했다. 건축가와 도시 계획가들은 재정적인 고려만을 하기보다는 경제적 측면에서 그들의 계획을 만들고
발전시킬 것이다. 단순히 정치적 기회주의의 측면만이 아닌 아마도 합리적인 측면을 기초로 결정할 것이다. 이성
은 대량의 재건축에 뒤따르는 대량의 황폐가 아닌 모든 측면에서 환경의 계속적인 부흥을 지시할 것이다."

'커뮤니티와 프라이버시(Community and Privacy)'라는 이런 도전적인 말들이 본격적으로 글로 만들어진
이후 4반세기가 지나갔지만 우리는 더 이상 발전하지 않았다. 편향적인 시대착오적 반향의 동등한 방법을 사
용하여 아래의 12가지 항목으로 Wood의 호소에 대답하겠다.

1. 거대도시(megalopolis)의 반 유토피아화(dystopia)는 이미 되돌릴 수 없는 역사적 사실이다. 이것이 시작된
   이래로 오래 새로운 생활에 흡수되어 왔지만 새로운 성격에 대한 얘기가 아니다.

2. 도시화의 폭발이나 내부적 폭발의 규모는 개인이 어찌 보느냐에 따라 인류의 역사에 선행하는 일이 없다. 무슨
   일이 일어나든 간에 이것은 전통 도시와는 관계가 없다.

3. 60년대 이탈리아의 tendenza운동에 의해 발전된 고전적 도시로서 재건하려는 시도는 알도 로시의 '도시의 건
   축(The architecture of city)'이나 Leon Krier의 '합리주의 건축 (Rationale Architecture)'에서 재현되
   었는데 그것은 다소 제한된 적용으로 남아있다. Krier의 Pondbury New Town계획안의 최근 운명은 현대의
   차량 접근에 의한 자동차 회전 반경이 요구되고 있다. 차량 접근은 Krier가 encloser로 돌아가려며 18세기
   거리의 grid scale로 돌아가려는 것을 방해한다.

4. 고전적 중심도시는 생활의 요소로서 여전히 존재하지만 그것은 점차로 일종의 테마 파크로 변환될 미묘한 경향에 의해 위협받고 있다. 고전도시의 중심지의 보행자화는 60년대 초기로 돌아가려는 정책인데 이런 경향의 첫 번째 징후이다.

5. 땅에서는 변화가 없어 알아차리기 힘들지만 공중에서 거대도시를 보면 준 질서적인 생물학적인 특징의 총합으로 나타난다.

6. 질서화 되었든 아니든 그러한 원경은 거대도시의 새로운 성격에 대한 우리의 인식을 높여준다. 이것은 새로운 종류의 중재적인 힘으로서 위에서 강조했던 난관을 극복할 수 있는 전원적 취미(pastoralism)를 불러일으키는 어떤 비평으로 이끈다. 동시에 그들은 유래 없는 거대도시의 최근 일련의 구축적인 잠재성을 깨닫게 한다. 이는 Peter Rowe의 'Making a Middle Landscape' 이란 책에서 나왔던 논쟁에서 발전된 것으로 보인다. Rowe는 그러한 도시 외적인 협력을 Kevin Roche의 'General Foods' 나 그의 'Union Carbide Headquaters' 에서와 마찬가지로 정원(Parterres)의 창조를 위한 기회로서 생각한다. 그러한 랜드스케이프가 필연적으로 사회에 주는 잇점이 다소 불명확하게 남아 있다 할지라도 그렇다.

7. 개의 현저한 요소들은 Rowe의 논문에서 나온다. 첫째는 이제는 우선순위가 자유롭게 서있는 건물형태라기 보다는 랜드스케이프에 있어야 한다는 것이며 두 번째는 쇼핑몰이나 주차장이나 주차 빌딩 같은 거대도시 형태를 랜드스케이프화 된 형태로 바꾸어야 한다는 것이다.

8. 이들 새로운 형태들은 도시화된 구역에서 새로운 용도를 발견해야하는 긴급한 요구와 함께 미래 디자인 중재의 초점이 되기 쉽다. 그것은 후기 산업사회의 쓸모없는 19세기와 20세기 초의 공장들에 의해 '상처받은 조직' 이 뒤에 남아 있기 때문이다. 그러나 이런 모든 개발계획이나 조정은 명백히 엄격한 경제적 제재라는 주제로 남아 있을 것이다.

9. 받아들여진 부동산 양도과정은 거의 모든 미래의 도시계획에서 제한으로 남는 것 같다. 이런 경제적 패러다임은 총체적인 상품화로 향한 세계적인 경향과 밀접한 관계가 있다. 벤츄리같은 장식경향의 모델은 상품화 도구로 남이 있다. 장식이 역사적인 모방으로 바뀌다거나 네오 아방가르드의 해체적인 것으로 바뀌거나 상관없이 그렇다. 우리는 또한 다음에 대해서도 언급해야 한다. 회사가 구체적인 랜드스케이프를 만드는데 투자할 준비가 되어있는 반면 투기적인 시장이 동등하게 책임감 있게 행동할 것이라는 사실과는 다른 것이다.

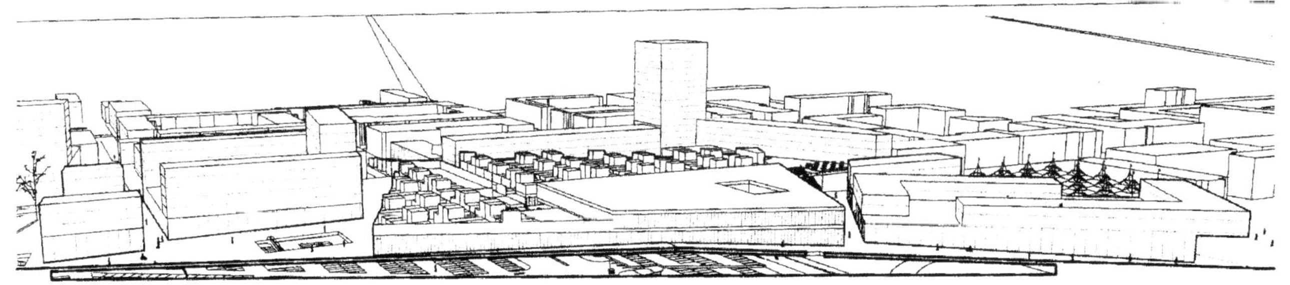

쿤스탈

10. 어떤 방식으로든 도시들은 계속하여 건설되어왔고 사람들은 거대도시들이 달라질 것이라고 기대할 수 없다. 건물들은 동일한 방식으로 지어진다. 도시들이 축적되어 그것이 확장될 때 일회적인 건물 프로세스는 중단된다. 건축가로서 우리는 미래의 도시중재 즉 주어진 투자 때문에 광범위한 촉매효과를 가지고 있는 방식의 도시중재를 알아야 한다. 그들의 '개방적' 성격은 필요에 따라 '폐쇄적'이 될 수도 있다.

11. 우리에게 남아 있는 힘이 무엇이든 그것은 우리의 도덕적 책임감이다. 즉 우리의 능력을 거대도시의 신진대사적인 틈새(metabolic interstices)안에 있는 지형학적 단편에서 모은 도시 구조(fabric)를 발생시키는데 사용해야 하는 것이다.

12. 우리는 최근 자본가들의 개발로 인한 비정규적인 자유시장의 충격에 의해 속아서는 안 된다. 우리는 그러한 준비(provision)의 환원적 목표를 과소평가해서도 안 되는데 그것은 당연히 표면적인 문화의 총합(gross)이하로 가장하려고 하기 때문이다. 동시에 우리는 기회들에 반응하는 수밖에 없다. 그 기회는 현재상황 속에서부터 나오는 중요한 상대를 만들기 위해 일어난다.

1992년 바르셀로나 회의에서 주어졌던 주제인 아토피(atopy)나 반 유토피아(Dystopia)에 관한 최근 강연에서 이탈리아 건축가인 Vittorio Gregotti는 오늘날의 국제주의는 막연한 재정적 보고서에 근거하며 과학적 기술적 정보의 교환이나 그들 자신의 규칙을 가지고 있는 대중매체의 형태 근거함을 확인시켜주었다. 이러한 상황 속에서 모든 것이 가능하며 주관성은 약화된다. 이것은 건축의 부정적인 결과로 보인다. Gregotti는 다음과 같이 쓰고 있다.

> '예술이라는 분야에서 생산되는 흥미로운 일들이 증가함에 따른 상대적인 다양함은 순수한 차이점을 만드는데 방해가 되는 것 같이 보이며 통합된 대중매체의 시장의 균질성 때문에 그들이 인도된다. 대중매체는 차별화되지 않은 글들의 계속적인 창조를 요구한다.'

'흥미로운' 것들의 증가는 순수한 차별성을 세우는 것을 어렵게 만든다는 토론 이후 그는 atopicity의 성격에 대해 다음과 같이 지적했다.

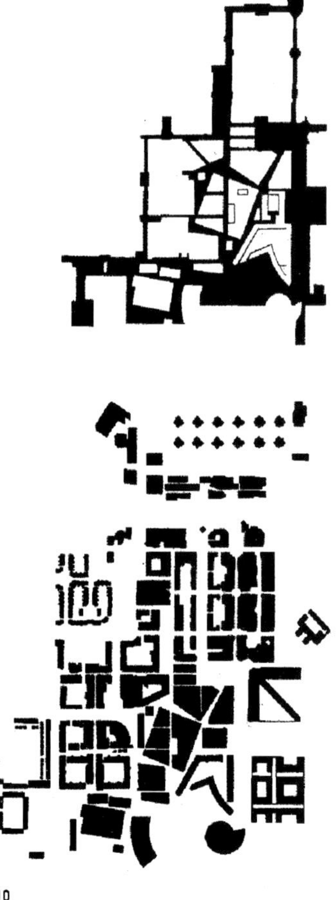

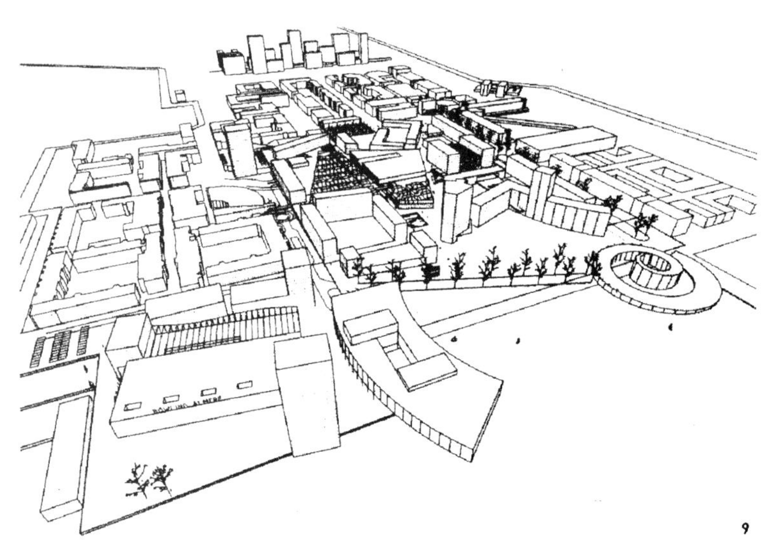

'atopicity가 세계의 상호의존의 메커니즘의 필연적인 징후로 해석될 수 있다는 것에 의심의 여지가 없고 그것은 문화적 ,정치적, 경제적 구조를 가지며 아직 발견되지는 않았지만 건축의 영역에서 의미론적인 공간 조직의 징후 이기도 하다.'

'이것은 상호의존적인데 여전히 통제와 지배를 포함하는 것으로 보이며 현재의 커뮤니티가 그들의 전통적 가치를 최대한 표현하려는 통합의 과정을 확인하려는 시도에 반대하는 것처럼 보인다. 이러한 atopicity는 사회계급간의 경제적 차이의 냉혹한 착취에 의해 여전히 만연해 있다. 이러한 결속에 의한 방향성 대신에 상호의사소통 가능한 대중의 행동으로 바꿀 수 있을까? 이것은 아마도 순진한 낙관적 해석이겠지만 절실한 필요성에 의해 말해지는 것 이며 적어도 가정으로서 파괴적인 atopicity인 건축의 영역으로 전환할 수 있을 것이다. 그것은 결속체의 대화로 이끌며 컨텍스트를 고려하게 한다.'

이러한 지각 있는 요청은 우리가 우리의 난해한 이론에 대한 고민 없는 수용을 다시 생각하게 해야 한다. 그 이론은 알 수 있는 실제적이거나 도덕적인 적용을 가지고 있지 않다. 다소 직접적으로 문학이나 철학에서 나온 둔한 이론적인 논의가 필연적으로 도시구조를 디자인하는데 적용되었다고 가정할 필요는 없다. 나는 인간 이 만든 세계에서 파괴적으로 지금 진행되고 있는 것과 관련되어서 핵심적이고 보완적인 기능을 할 수 있는 개선적인 랜드스케이프를 이해하는 것 필요하다고 말하려한다. 건축은 모든 가능성의 감각에서의 생태학적인 가정을 해야 한다. 그래서 우리는 도교의 가르침 'acting by not acting' 을 장려해야한다. 그것은 적당한 미 니멀리즘을 말하는 것이 아니다. 단조로움에의 수련(cultivation of quiet)을 추구해야한다는 것이다. 이것은 분명히 예술이라는 이름으로서 대중매체의 힘으로서 전문가 집단의 경쟁에 의한 과다함에 의한 행동(acting by overacting)보다 나은 결과이다. 우리는 단편화된 도시의 기본적인 재료(material)로서 랜드스케이프 형 태는 독립적으로 서있는 아름다운 건물보다 나은 결과라는 결론을 내리게 될 것이다.

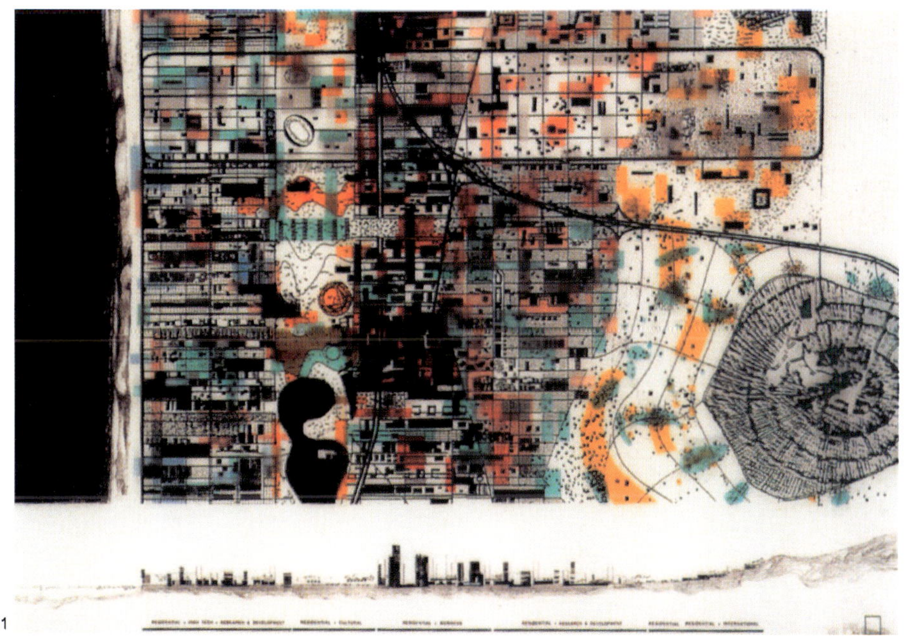

Kunsthal

Westzeedijk 341, Rotterdam, The Netherlands, 1992, Rem Koolhaas

작품설명

| 디자인 컨셉 |

Rem Koolhaas가 이 건물을 디자인하면서 가장 고려했던 것은 공간 순환에 대한 연구로 보인다. 건물 전체 형태는 정방형을 이루고 있지만, 내부 공간은 그 정형을 수직으로 깨뜨리고 있다. 이 건물의 스킨을 해체하고 슬라브의 구성만 살펴보면 그 특징을 볼 수 있는데, 전체 슬라브들은 마치 뫼비우스띠처럼 하나로 이어진 띠 구성을 하고 있음을 볼 수 있다. 그러므로 이동 동선과 전시동선이 분리된 것이 아니라 하나로 통합되어 구성되어 있다. 이것은 건축가가 건물전체를 하나로 통합시키고자 하는 시도로서, Rem Koolhaas 건물들에서 자주 시도되는 개념이다.

이 건물의 가장 인상적인 특징은 외부에 표출된 경사진 오디토리움이다. 경사진 슬라브를 그대로 외부로 노출시켜 시각적 재미와 긴장감을 제공하고 있고, 다시 이곳 내부로 진입하면 다시 한번

| 프로그램 |

로테르담 뮤지엄 파크 내에 위치한 이 건물은 위치 특성상 전시를 주 목적으로하고 강연을 할 수 있도록 프로그램되어 있다. 이 미술관은 미술품의 수집을 주목적으로 하지 않고, 전시만을 위해 계획되어 주로 기획전시나 강연을 위한 시설로 사용되고 있다.

기울어진 가둥들에 놀라움을 느끼게 한다. 이 기울어진 기둥들은 오디토리움 상부 전시실에 그대로 삽입되어 건물 전체에 강한 인상으로 작용하고 있다.

이 건물은 크게 1개의 오디토리움과 3개의 전시실로 구성되어 있고, 이 시설들은 서로 슬로프로 엮여 있어 전체를 한번에 순환할 수 있도록 계획되어 있다. 그리고 부속시설들은 이 주요 시설 사이사이에 교묘하게 배치되어 있고, 특히 경사로의 오디토리움 하부에는 레스토랑이 배치되어 있어 그 경사를 그대로 공간에서 체험할 수 있다.

| 동선순환체계 |

이 건물은 로테르담의 뮤지엄 파크내에 남쪽 끝에 위치하고 있다. 남쪽 도로측과 공원측과의 높이차를 이용하여 그 밑에는 자동차 도로가 지나가고 있고, 건물이 이곳을 이어주는 다리 역할을 하면서 건물을 관통하는 통과 동선을 제공한다. 이 건물의 전시 동선은 기존의 다른 미술관들과 큰 차이를 보인다. 전시실의 구성이 수평과 수직으로 구분되는 것이 아니라 뫼비우스 띠처럼 순환하는 방식을 취하고 있다. 그러므로 수직으로 이동하는 별도의 동선이 제공되지 않

| 구조 시스템 |

이 건물 전체 구조는 철근 콘크리트 구조를 기본으로 하고 있고 상부에 철골을 부분적으로 사용하고 있다. 슬라브와 기둥, 벽체등은 대부분 노출 콘크리트의 물성을 기대로 사용하고 있고, 특히 슬

| 주요 디테일 |

- 경사 기둥: 내부공간에 시각적 긴장감과 재미를 제공한다.
- 경사 슬라브: 내부 전시공간사이를 이어주는 역할을 한다.
- 레스토랑: 외부에서 별도로 진입이 가능하고 상부 오디토리움의 경사와 기울어진 기둥을 그대로 공간에 표현하고 있다.

고 전시 흐름을 따라가다 보면 자연스럽게 전체 건물을 경험하도록 되어 있다. 주 출입구는 통과 동선을 제공하는 경사로에 위치하고 있고 이곳을 지나면 먼저 오디토리움을 만나게 된다. 이곳 경시진 오디토리움에서 우측으로 이동하면 상부의 전시실로 이어지고 아래로 내려가면, 기념품 삽과 락커, 그리고 다음 2개의 전시실로 순환된다.

라브가 경사진 곳은 이 각에 수직인 기둥을 사용하여 중력에 역행하는 시각적 긴장감을 유발시키고 있다. 외부 마감은 대리석과 플라스틱 마감으로 되어 있는데 1층부분과 오디토리움의 표피는 유리로 마감하여 매스를 크게 상하로 양분하면서 상부매스가 부유하는 이미지를 제공하고 있다.

- 통과 동선: 건물 가운데의 하부 매스를 둘로 가로지르는 통과 동선은 뮤지엄파크와 남쪽 도로측과의 높이차를 극복하도록 경사로로 구성되면서 이 두 곳을 이어주는 다리 역할을 한다.
- 철재 계단: 하부 전시 공간 사이에 있는 수직계단은 공간에 노출된 유일한 수직계단으로서 하나의 오브제로 제공된다.

Hoofdingang

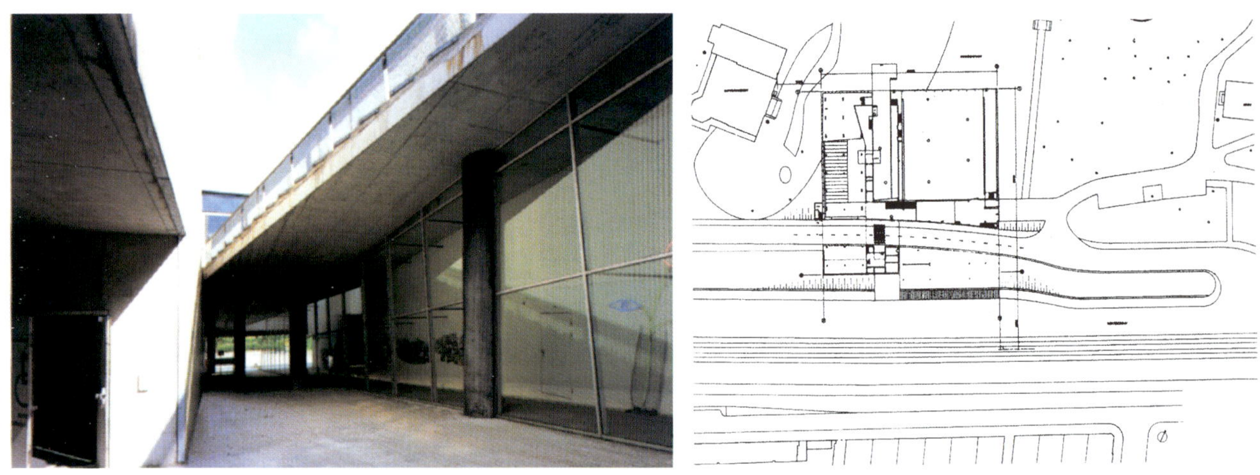

ingang

DIKE
RAMP OUTSIDE
MAIN ENTRANCE
RESTAURANT ENTRANCE
PARK
HALL 1
AUDITORIUM
RESTAURANT
HALL 2
RAMP INSIDE
HALL 1
HALL 3
ROOF
HALL 3
AUDITORIUM
ENTRANCE
STEPS
PARK
RAMP OUTSIDE
DIKE

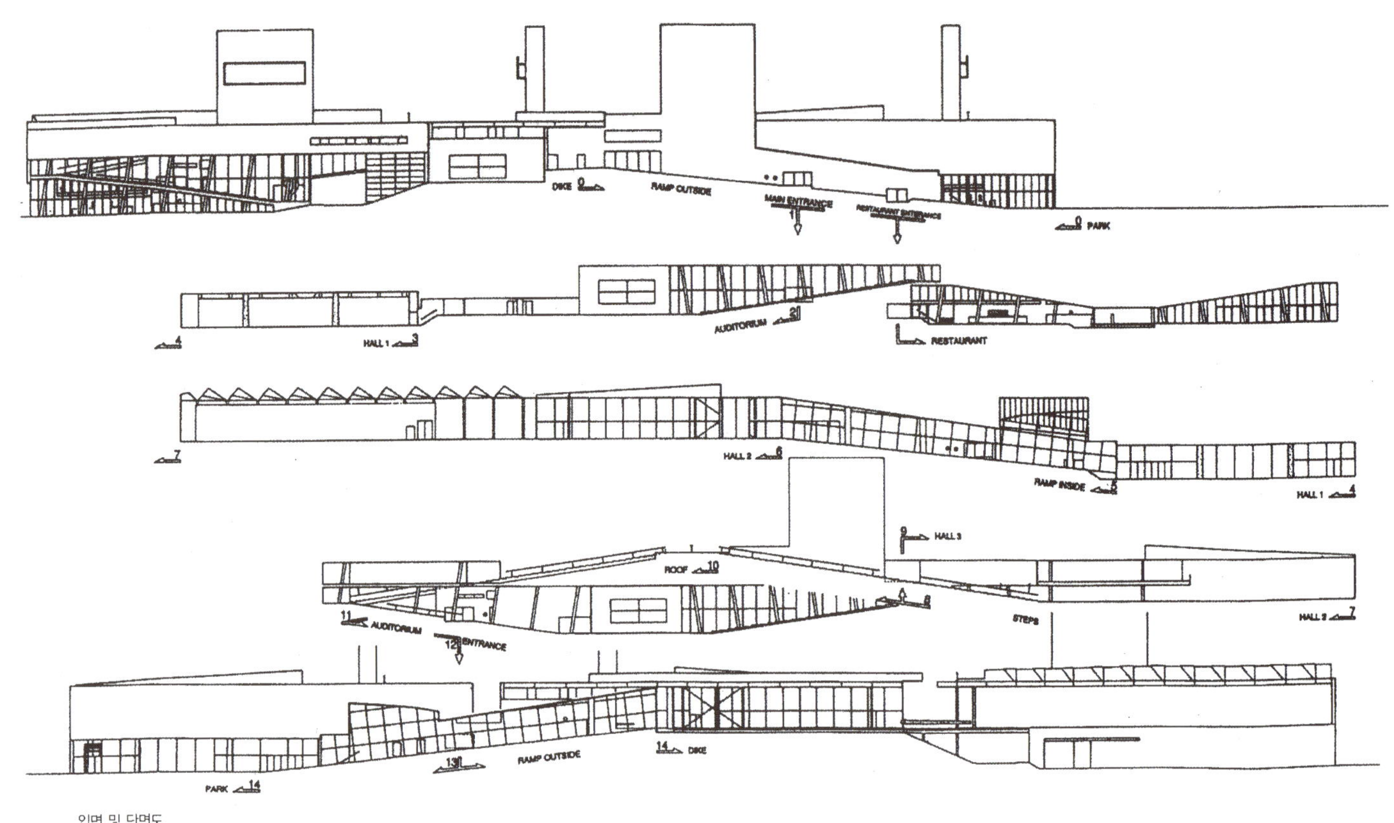

입면 및 단면도

vervolg t
HAL 2

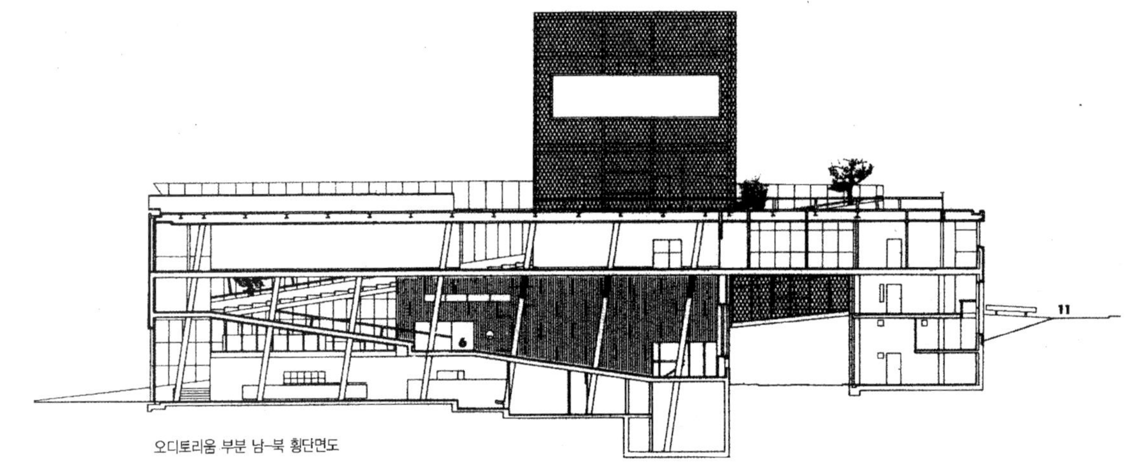

오디토리움 부분 남-북 횡단면도

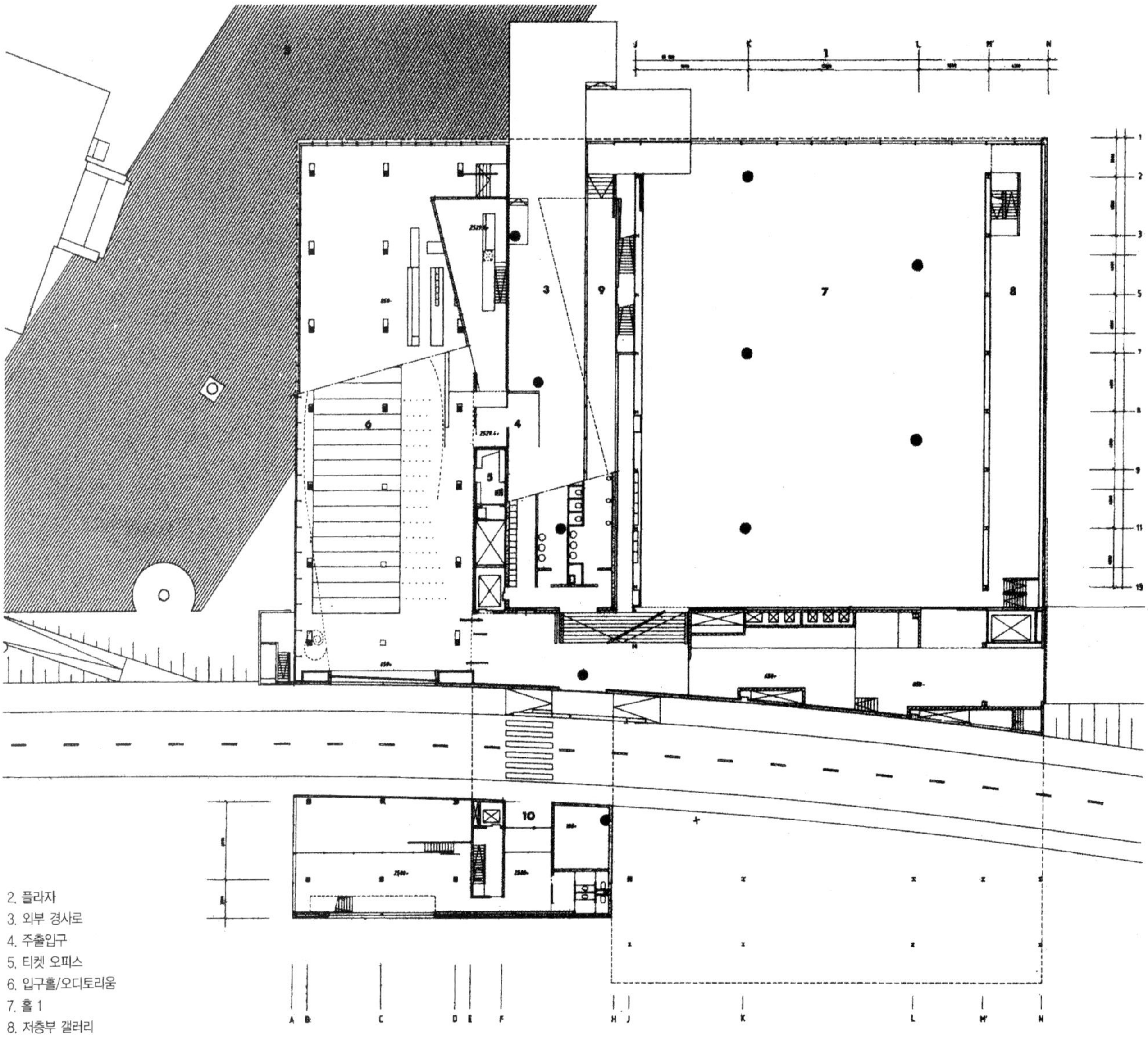

2. 플라자
3. 외부 경사로
4. 주출입구
5. 티켓 오피스
6. 입구홀/오디토리움
7. 홀 1
8. 저층부 갤러리
9. 경사로(안측)
10. 직원용 출입구

1층 평면도

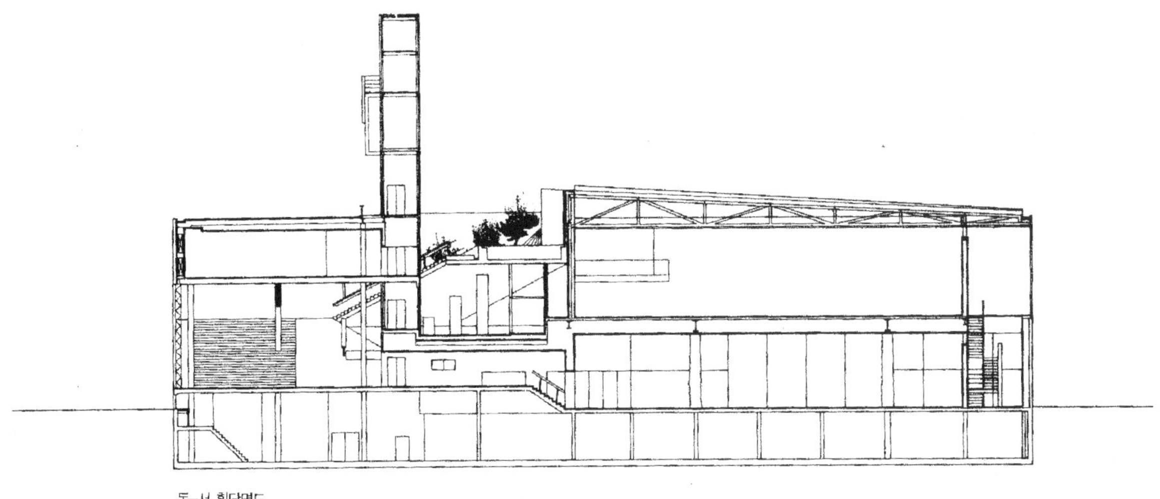

동-서 횡단면도

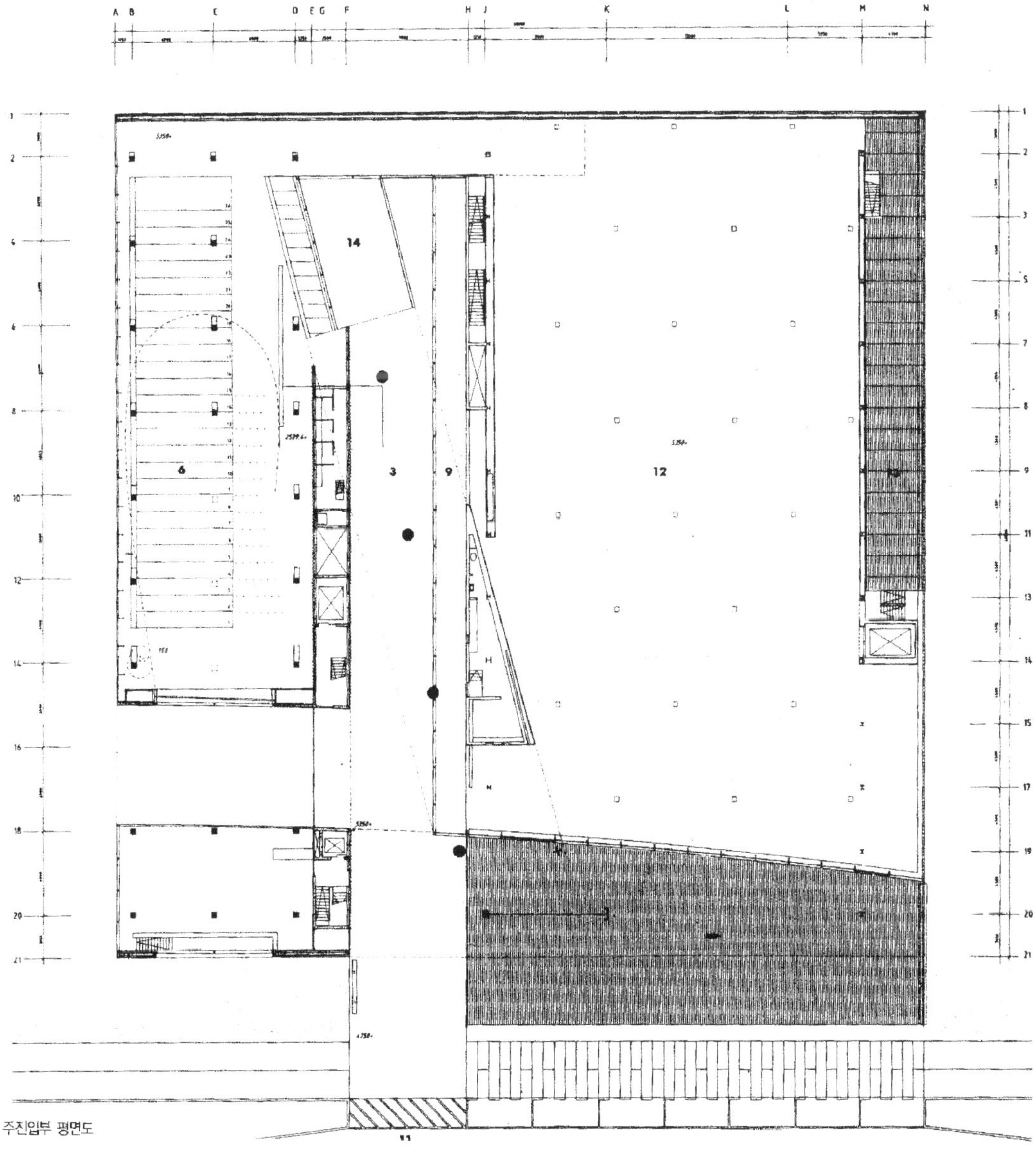

3. 외부경사로
9. 내부경사로
11. Dike(둑)
12. 홀2
13. 상층부 갤러리
14. 옥상 정문

주진입부 평면도

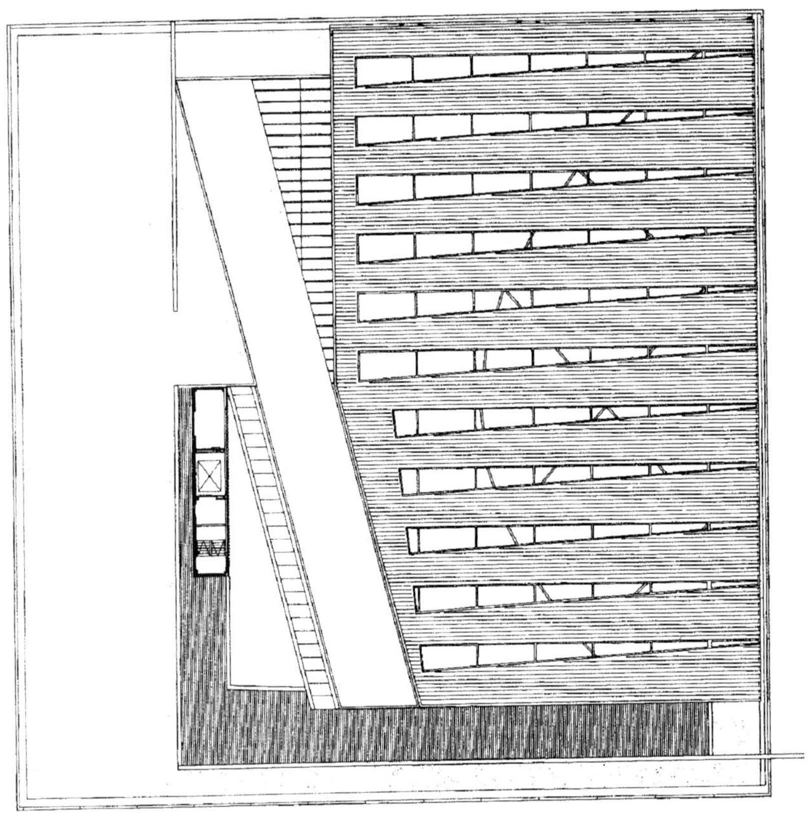

지붕층 평면도

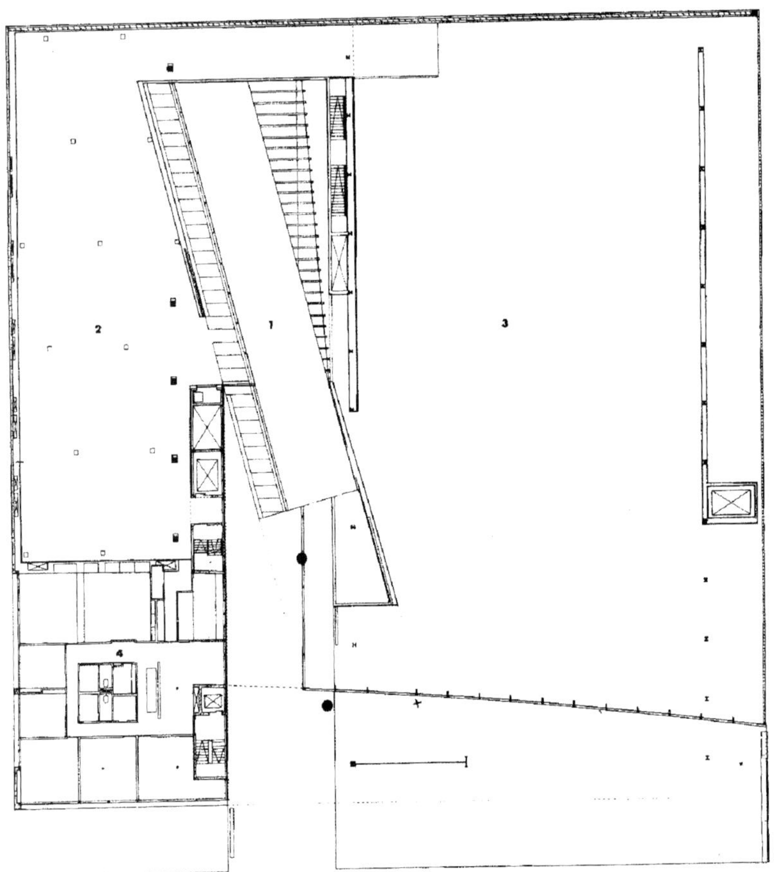

상층부 평면도
1. 옥상 정원
2. 홀
3. 보이드
4. 오피스

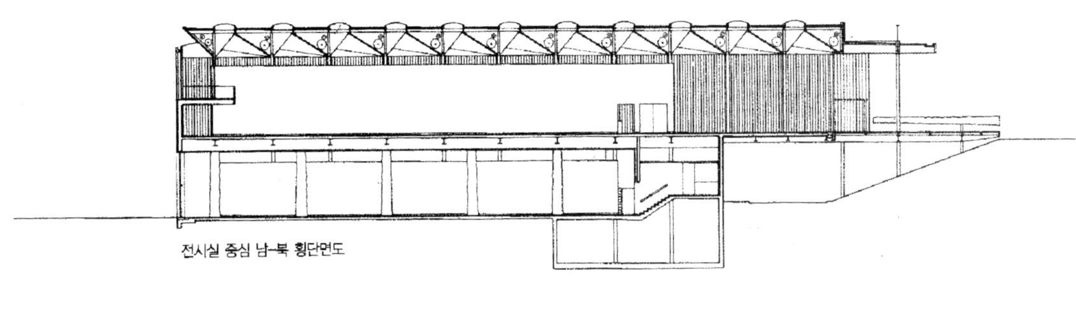

전시실 중심 남-북 횡단면도

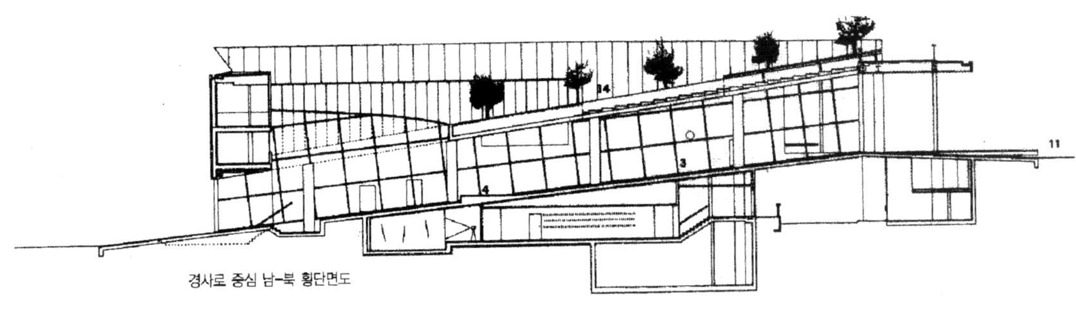

경사로 중심 남-북 횡단면도

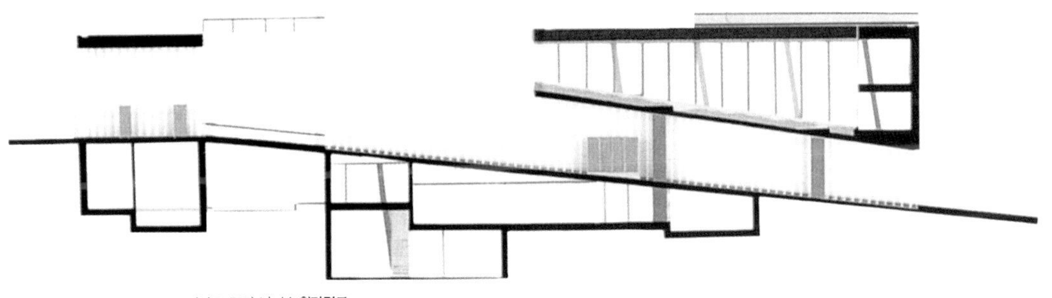

경사로 중심 남-북 횡단면도

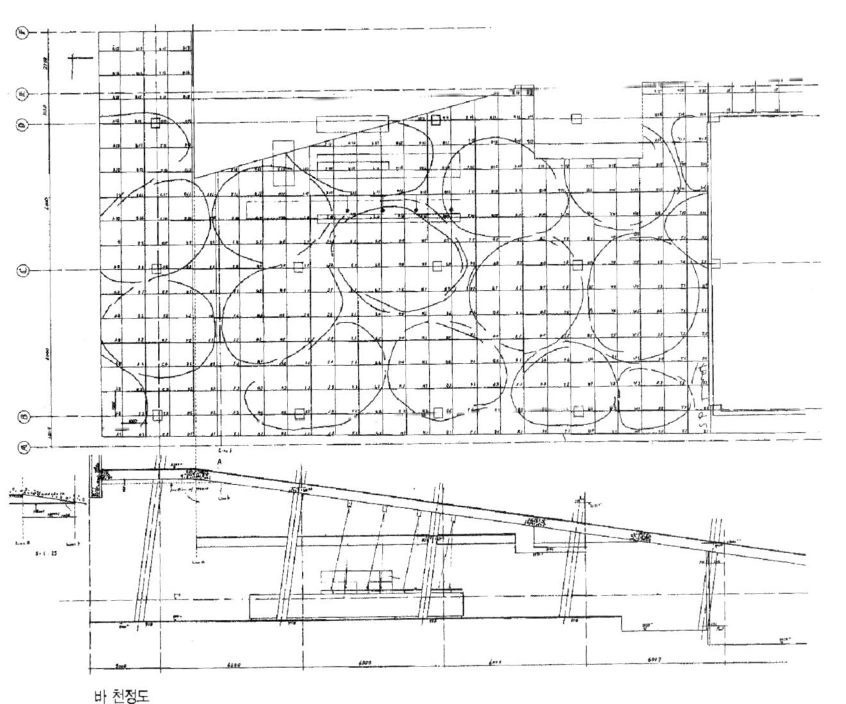

바 천정도

슈테이델 미술관
Städel Art Institute Extension

구스타프 페츨(Gustav Peichl)의 건축론에 대해

구스타프 페츨 (Gustav Peichl)

빈의 대표적 건축가를 물을 때, 가장 대표적인 사람으로 구스타프 페츨(Gustav Peichl)을 들 수 있을 것이다. 빌헤름 호르트바우어나 한스 홀라인(Hans Hollein) 또는 로브 클리에(Rob Krier)를 제외하고 그의 이름을 거론하는 것은, 페츨이 전통 있는 국립 미술 아카데미 교수라는 요직에 있기 때문이거나 "이로늬스"라는 필명으로 〈데 프레스〉지(紙)나 〈비르트텔레그라프〉지(誌)와 같은 신문에 정치 만화를 그려 인기가 높기 때문은 아니다.

오히려 그는 건축가로서 1950년대부터 오스트리아 각지에 많은 건물을 건축했고 특히 초등학교, 중학교, 집합주택, 우체국, 세무서 등 공공 시설을 상당수 건축했다. 그러나, 그 중 그의 건축가로서의 명성을 드높인 것은 1970년대부터 시작했던 일련의 ORF, 즉 〈오스트리아 국립 방송〉 시설이었으며, 1985년의 〈IBA 인산 처

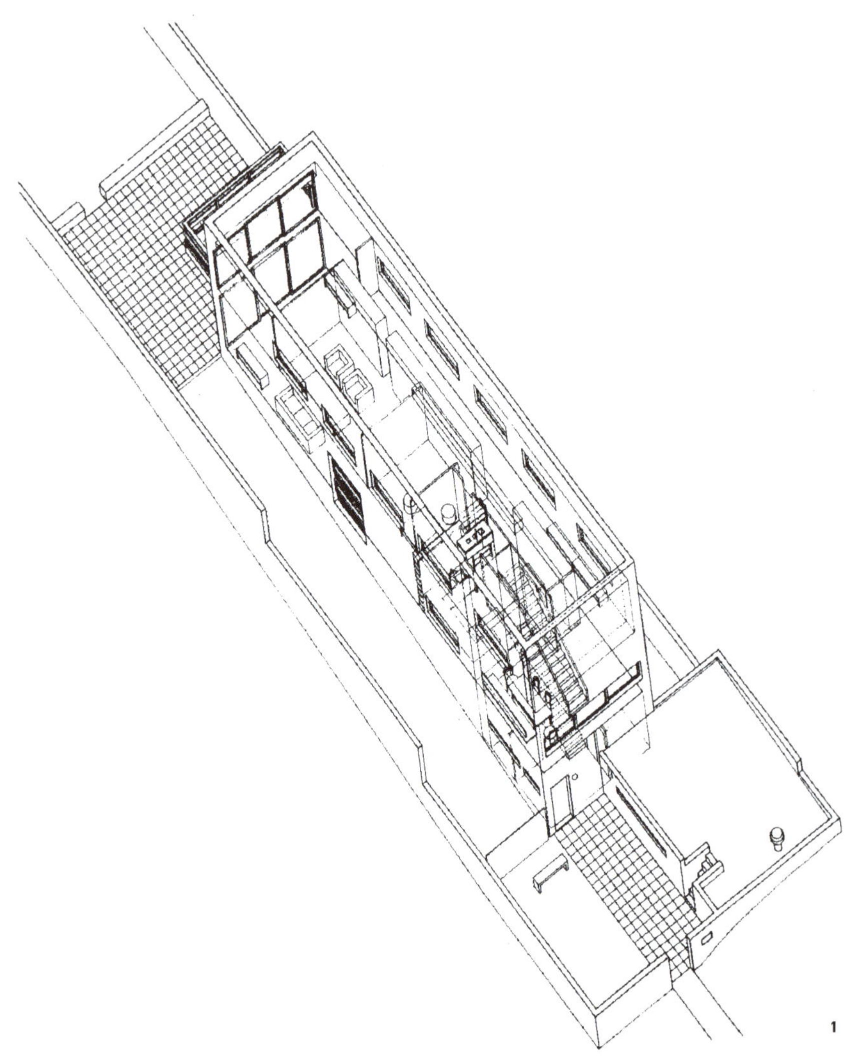

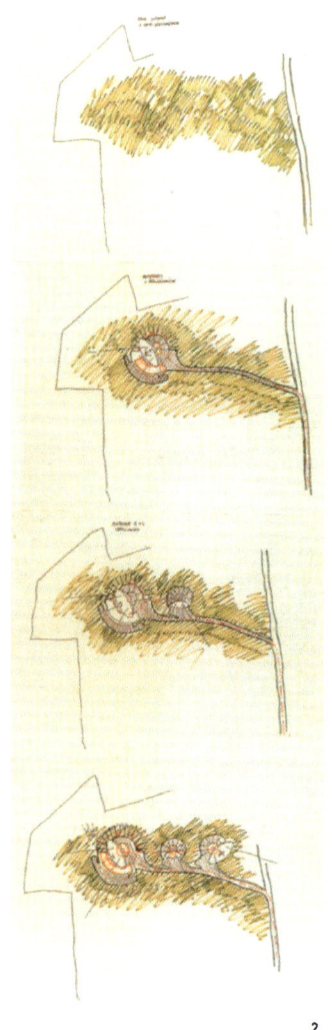

리 환경보호 장치〉 그리고 다음해 잇달아 다루게 된 미술관 등이다. 그의 작품은 빈을 중심으로 그라츠, 잘스부르크, 인스부르크 등과 슈투트가르트, 프랑크푸르트, 본에 이르기까지 광범위하게 미치고 있다.

구스타프 페츨은 1928년 빈에서 태어났다. 빈의 〈메이트 링크 공업 학교〉, 린츠의 〈연방 공업 학교〉를 거쳐 1950년 〈국립 미술 아카데미〉에 입학했다. 당시, 이 학교는 크레멘스 호르트마이스타의 지휘 하에 있었는데, 그 문하로부터 페츨을 비롯해 호르트바우어, 홀라인 등이 배출되었다. 졸업과 동시에 롤란트 라이너의 조수가 된 페츨은 또한 정치 만화를 시작했다. 그가 자신의 세계의 젊은 건축가들에게 알리게 된 것은 1964년 발터 피츠러, 한스 홀라인, 오스발트 오베르휴버 등과 함께 시작한 잡지 〈바우(BAU)〉였다. 이 잡지는 단명에 끝났지만 이 얇은 소책자는 매우 급진적인 내용을 게재하고 있었다. 1973년에 미술 아카데미의 교수에 임명된 이후는 교직과 설계 디자이너의 갈림길에서 계속 건축을 만들어내고 있다.

구스타프 페츨의 대표적인 작품인 〈ORF의 방송국〉 건물은 3/4의 원형과 정방형으로 구성된 구심적 평면 계획으로 처리되어 있으며 방송이라는 새로운 미디어의 기능적 요청으로부터 이루어진 것이지만, 전통적인 평면 계획뿐만 아니라 공식적 근대주의의 평면 계획과도 분명히 구별되고 있다. 건물의 형상은 기계 엔진에 비유할 수 있을 만큼 정교하다. 이 건물을 한층 더 유명하게 한 것은 그 선명한 색채와 빛나는 알루미늄으로

4

5

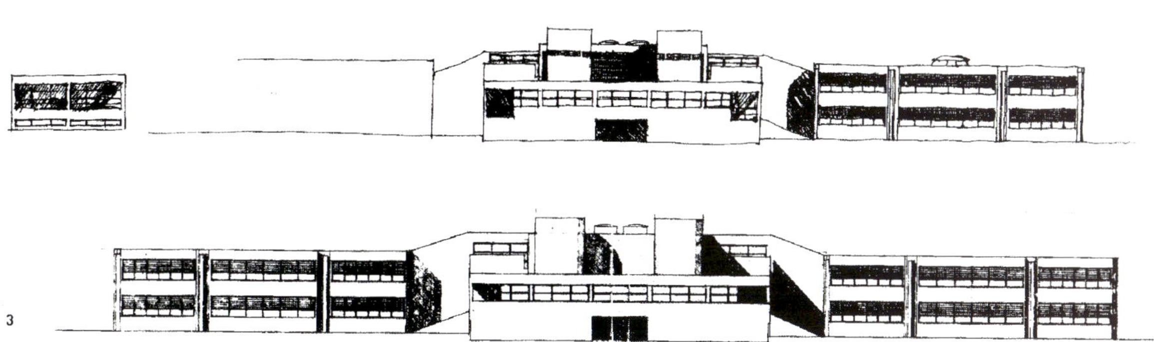

3

슈테이델 미술관

이루어진 샤프트의 연출이다. 이것은 당시의 디자인 풍조였으며 한스 홀라인의 일련의 갤러리에서도 나타나고 있다. 이러한 전통은 과거의 오토 바그너나 아돌프 로스에게까지 거슬러 올라갈 수 있는 빈의 전통이었다. 벨기에의 로베르 데르보와는 "뛰어난 디자인은 그것이 표현하는 공리성에 알맞는 고유의 미를 지니지 않으면 안된다."라고 말했지만, 페츨은 데르보와의 말대로 거의 실천에 옮기고 있다.

페츨이 디자인한 미술관으로는 독일의 한 때 수도였던 본에 완성한 〈독일 연방 미술 및 전시 홀〉, 19세기에 설립되었던 미술관의 증축인 프랑크푸르트의 〈슈테이델 미술관 및 부속학교의 증축〉 그리고 빈의 〈오스트리아 국립은행의 미술 전시 홀〉이 대표적인데 모두 미술에 관계하는 것이다. 이러한 작품과 앞에서 언급한 작품과의 대비는 전통적인 형태로의 회귀이다.

폐쇄적인 평면 및 입면계획과 전통적인 소재의 채용은 기하학 형태를 모티브로 삼은 것으로서 상징적 의미까지 표현하고 있다. 채광용의 원추형 부재는 일찍이 중부 유럽의 건축가들이 다루었던 것이며 파상의 곡선은 남부 유럽의 건축가들이 자랑으로 여겼던 것이었다. 입면의 비례도

7

8

6

9

전체적인 문맥을 따르고 있으며 황금의 공이나 독립기둥을 배치한 입구는 빈에서 자주 볼 수 있는 빈 고유의 독특한 모티브이다. 이러한 지적으로부터 판에 박은 듯한 역사 회귀를 말하는 것은 단견이며 경솔한 생각이다.

폐츨은 역사나 전통의 향수를 안을 정도로 정서적 또는 퇴영적이지 못하다. 그는 다음과 같이 말하기 때문이다. "나는 향수적인 미보다는 오히려 건물 내외에 과정의 미라고도 말할 수 있는 어떤 것을 부여하고 싶다."

12

10

13

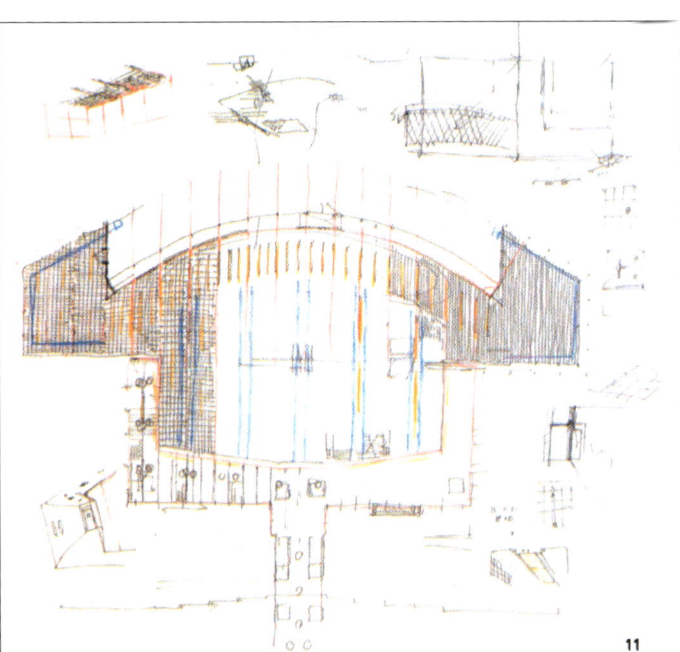

11

14

Städel Art Institute Extension

Schaumainkai 63, Frankfurt am Main, Germany, 1992, Gustav Peichl

작품설명

| 디자인 컨셉 |

슈테이델 마술 협회가 1807년에 설립된 이 후, 1878년에 오스카 존마가 세운 매우 신중한 네오 고전적인 건물이 개장하고 나서부터 이 건물은 샤우마인카이 강가의 명소 중 하나가 되었다. 약 40년 후에는 뒤쪽의 동(棟)이 증축되었다. 그러나 이 건물은 제2차 세계대전에서 심각한 피해를 입었기 때문에 전후에 요젭 타란이 측면의 동(棟)과 그 인테리어를 세련된 모던한 분위기에 개축했다. 본 협회 설립 당초부터의 목표는 역사적인 미술품의 수집품에 현대 미술 작품을 더하는 것이었다. 즉, 과거와 미래의 사이에 중개를 하는 작품의 수집이었다. 20세기에 접어들어, 현대 미술의 수집품도 증가했기 때문에 마침내 미술관 증축 작업을 단행하였고 이것이 최근 완성되었다. 새로운 미술관 건물은, 기존의 미술 협회 빌딩의 뒤편에 있는 공원 풍의 중정 서쪽을 따라 세워졌다. 부지의 배후가 1908년 설립된 슈테이델 부속 학교와의 경계선이 된다. 페촐은 새로운 동(棟)의 건설과 함께 부속학교에도 계획에 참여하였다. 결과적으로, 양자는 제대로 결합되어 고요한 대로를 향해 매우 강력하고 침착한 표정으로 나란히 서 있다. 미술관은 2개의 건물로 나누어져 있는데, 3층의 갤러리가 정면 현관으로 통하는 다리 및 메인 갤러리에 통하는 접근로를 연결시키고 있다. 2층의 약간 긴 익부(wing)에는 새로운 갤러리 스페이스가 설치되어 있다. 2개의 건물은 L자형으로 세워져 있으며 결정된 부지 안쪽으로 쑥 들어가 있다.

증축 동은 크기의 면에서도 기존 미술관 및 그 주위의 건물과도 조화를 이루고 있다. 이 건물은 설계 면에서의 진제 조건을 준수하는 한편, 현대적인 디자인을 채용하고자 하는 의도로 구조가 이루어져 있다. 이와 같이 결정된 구조에 따른 다기보다는 오히려 일체화시키는 작업, 즉 기존의 오픈 스페이스나 조각 광장을 유지하려는 작업이 밝고 심플한 동(棟)을 설계하는데 있어서 결정적인 조건이 되었다. 중앙 홀은 얼마의 공간으로 나누어져 있지만 이것은 기획전시품과 상설전시품의 공간을 각각 구별하기 위해 취해진 것이다. 건물의 벽면은 천연석으로 덮여 있으며, 창의 배치에도 디자인이 신중하게 이루어졌고, 기존의 건물과의 조화도 취하고 있어 평화롭고 장엄한 분위기의 외관으로 완성되었다. 미술관의 문화적인 향기에 적절한 건물과 현대적으로 내구성이 뛰어난 건축 소재를 채용하여 계획하는 것에 디자인의 중점이 두어졌다. 주변의 대로로부터 각 광장을 향해 자연스럽게 발길이 가는 듯한 "흐르는" 동선을 능숙하게 그려내기 위해, 녹지와의 균형도 가로를 따라 길게 처리되었다.

| 프로그램 |

1층의 전시 공간으로부터 중정으로 나올 수 있게 하기 위해, 정원도 전시품의 일부라는 생각이 한 층 강하게 증명되고 있다. 이와 같이 건물 내, 외의 스페이스 및 오픈 영역의 연결을 충분히 고려하여 설계하였기 때문에 여기를 방문하는 사람들에게도 그 훌륭함을 자유롭게 감상할 수 있게 되었다. 체계적인 공간 계획, 적당히 억제된 투명성이 깃든 디자인은 건물 전체의 효과를 확고부동한 것으로 만들고 있다. 주변의 대로로부터 아름다운 정면 현관을 지나 이 빌딩에 들어오면, 똑바로 중앙 홀로 통하게 된다. 주차장은 별도로 설치되어 있으며, 또한 오피스로 통하는 입구도 별도로 중정 측에 위치하고 있다. 배치와 설계의 디테일에 결정적인 수단이 되고 있는 석조 슬라브와 마찬가지로 벽면은 백색으로 된 천연석으로 마감되어 있다.

| 구조 시스템 |

이 건물은 건물의 규모와 소재의 두 가지 측면에서 성공하고 있기 때문에, 주변 환경이나 기존 건축의 장점이 파괴되지 않았다. 유리를 끼워 넣은 창틀은 금속성으로 처리하였고 현관 상부의 "기와 같은 플라스틱 판"에는, 그때 그때의 전시품 안내가 기록되어 있다. 지붕은 녹청색의 강판으로 처리되었으며, 홀과 전시 공간의 탑 라이트에는 빛을 조절하는 얇은 블라인드가 설치되어 있다.

건물 내부에서는 희미한 블루의 표면 도장(스터코의 유약을 사용) 마감의 아름다운 광택이 있는 환색의 철근 콘크리트 기둥이 절묘한 대비를 이루고 있다. 천정에는 같은 백색의 흡음 패널이 설치되어 있으며, 홀의 바닥에는 테라조 또는 천연석을 사용하고 있다.

MANIFESTA 4
EUROPÄISCHE BIENNALE ZEITGENÖSSISCHER KUNST
25. Mai bis 25. August 2002
Städel
EINGANG

퐁피두 센터
Pompidou Center

렌조 피아노+리차드 로저스의 건축선언
: 퐁피두 센터와 관련하여 – Renzo Piano+Richard Rogers

렌조 피아노(1933년 제노아 출생)와 리차드 로저스(1933년 플로렌스 출생, 렌조 피아노의 영국 파트너)는 1970년 공동건축 설계사무소를 설립하였으며 그 1년 후 플레스 보부르(Place Beaubourg) 현상설계에서 1등을 차지했다. 1977년에 완성된 이 건물은 후에 다시 이름을 〈퐁피두 센터〉로 명명되었다. 이 작품은 디자인의 하나의 도구로서의 과학적 탐구에 대한 피아노와 로저스의 본질적인 신념을 분명히 보여주고 있으며 건축적 표현을 위한 기술의 응용 그리고 보다 일반적인 패러다임 모두를 잘 보여준다. 피아노+로저스의 다른 건축물 중 대표적인 것은 〈B&B 이탈리아 오피스〉(꼬모, 이탈리아, 1971), 〈에스톤 마틴 라곤다 오피스〉(런던, 1973), 〈Institut de Recerche et de Coordination〉(파리, 1977) 등이 있다. 다음의 글은 피아노+로저스의 1970년 당시 건축선언문의 성격을 띤 글이다.

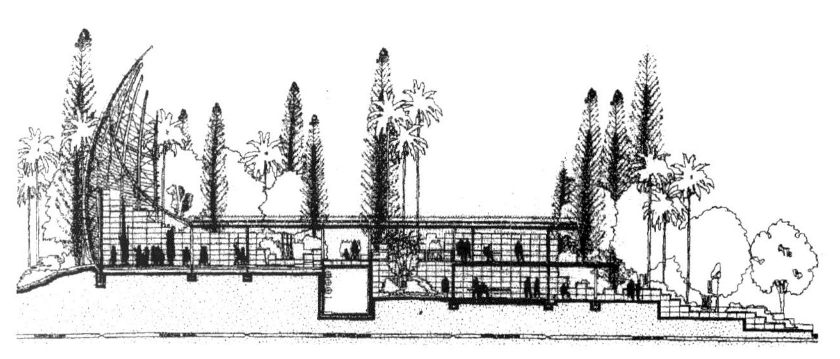

1

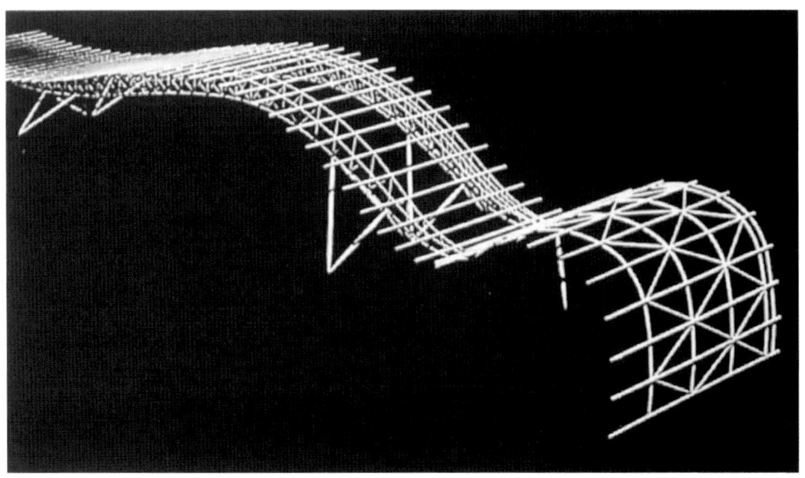

3

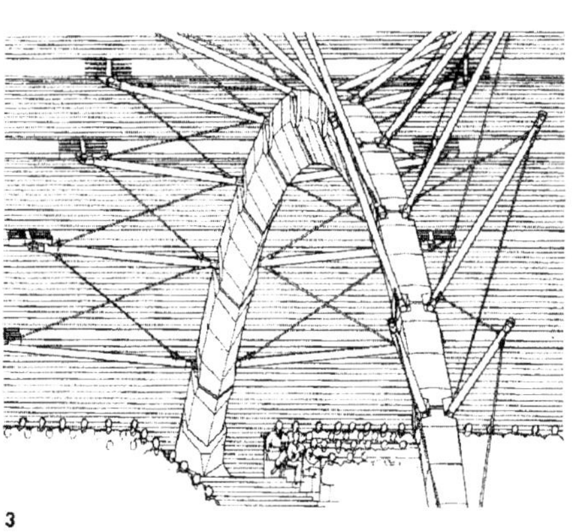

2

4

이데올로기는 건축과 분리될 수 없다. 변화는 분명히 사회, 정치적 구조 안에서의 급진적인 변화로부터 나온다. 식량부족, 인구의 증가, 주택부족문제, 오염, 재생 불가능한 자원과 산업 및 농업생산물의 오용과 같은 즉각적인 위기에 직면하면서 우리들은 단순히 우리의 의식을 비심미화한다. 광범위하고 뿌리깊은 문제들과 식량부족, 질병, 전쟁의 통제 불가능한 문제들에 직면한 채 우리들은 분리(이탈)에 반응한다. 오늘날 우리들은 현존하는 인간 상황의 재인식 그리고 합리적인 연구와 실천을 통해 다가오는 재앙을 경감시키고자 희망할 수는 있다.

기술의 중요성은 테크네에 대한 수단의 응용 안에 존재하며, 그것은 사람들이 정교하고 원초적인 기술을 이야기하고 있는 여부에 관계없이 그러하다. 기술의 목적은 사회의 모든 레벨의 요구를 만족시키는데 있다. 기술은 그 자체가

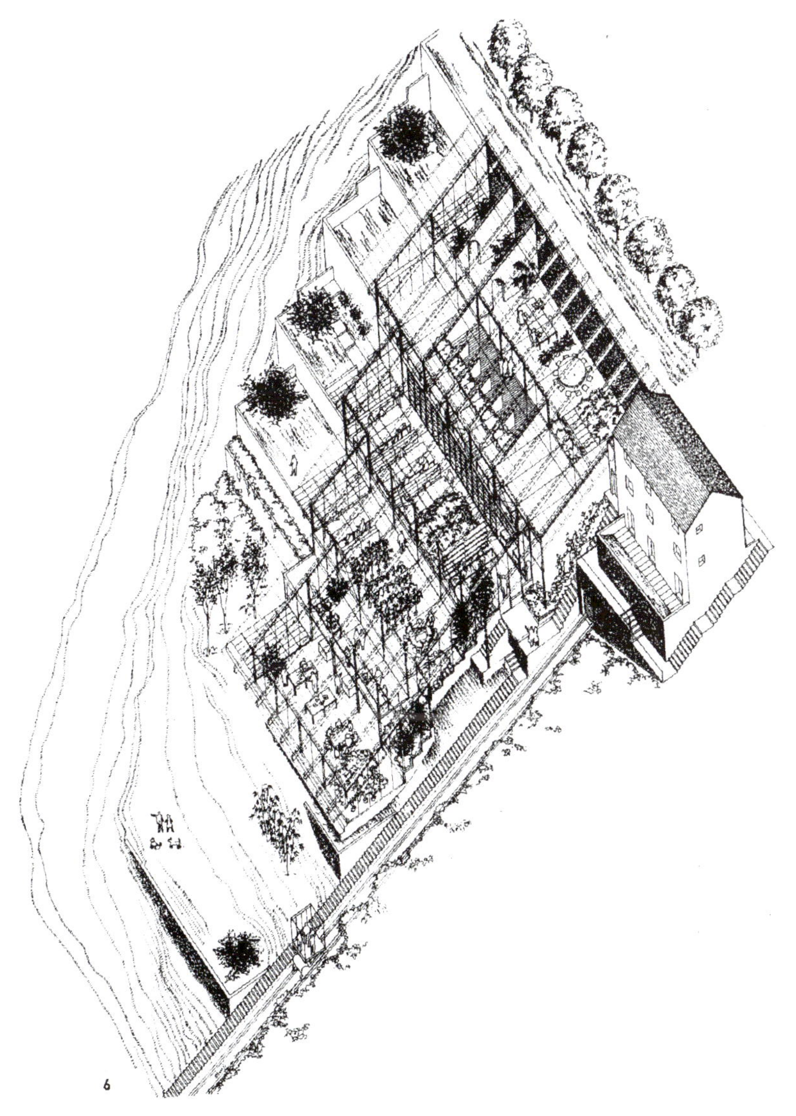

6

5

7

퐁피두 센터

목적일 수 없으며 반드시 사회적, 생태적인 오랜 문제들을 해결하는데 두어져야 한다. 이것은 "가지지 못한 자"를 위한 보다 효율적인 기술을 개발하는 대가로, "가진 자"들을 위한 단기간의 혜택이 존재하는 세계에서는 불가능한 일이다.

저 에너지 등급에서 고 에너지 등급에 걸친 모든 형태의 기술들은 반드시 생태적, 사회적 그리고 환경에 대한 시각적 손상을 최소화하는 반면, 천연자원을 보존해야하는 목적을 갖는다. 그러기 위해 가능한 한 기능적으로 그리고 가능한 한 새로운 신념에 답하기 위해 적은 재료를 사용함으로써, 우리는 투여되고 나오는 것이 같은 자기-지속적인 상황에 이르게 된다. 목적과 수단의 새로운 분배는 필요한데, 인간 요구의 제한된 경제적 가치평가에 순수히 근거해서 이루어져서는 안된다. 이러한 맥락에서, 정확한 기술적 수단을 사용함으로써 그것을 채택하고 변안하는 것만큼 진실로 사회적으로 정향된 신념을 창조하는 하는 것은 없다.
우리들 작업의 많은 부분은 다음의 일반적 요소들을 따르고 있다.

1. 인간의 다양한 행위들을 수용하고 최대한의 자유를 제공하는 환경을 창조하기 위한 신념을 분석하고 확장하는 것. 공공과 개인 그리고 일과 여가, 어린 아이와 어른, 자동차와 보행자, 노동자와 관리자, 조용함과 소음, 위험과 안전이라는 사고들간의 전통적인 위계성과 관련성을 재평가하는 것. 각각 겹치는 영역은 그것을 유지하고 강화하기 위해 특별한 조건들을 요구한다.

2. 단일 유니트의 일반 공간

3. 성장과 변화를 허용하는 것

4. 명확한 구조 스판과 같이 성장 방향에 있어 예외적인 단면과 입면의 차이 없음.

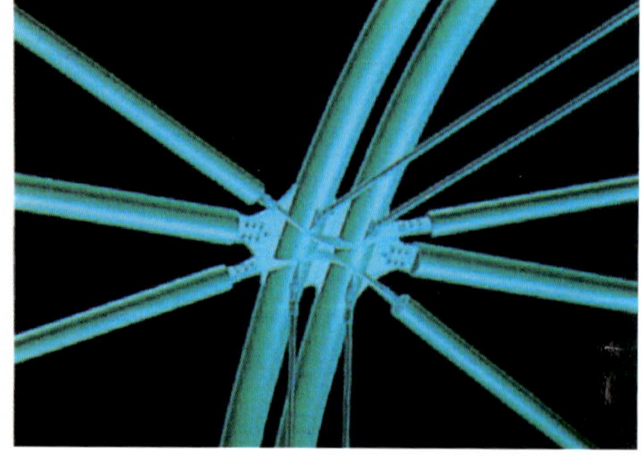

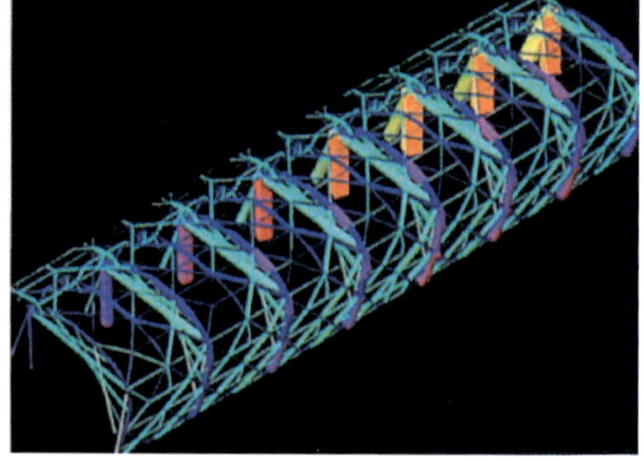

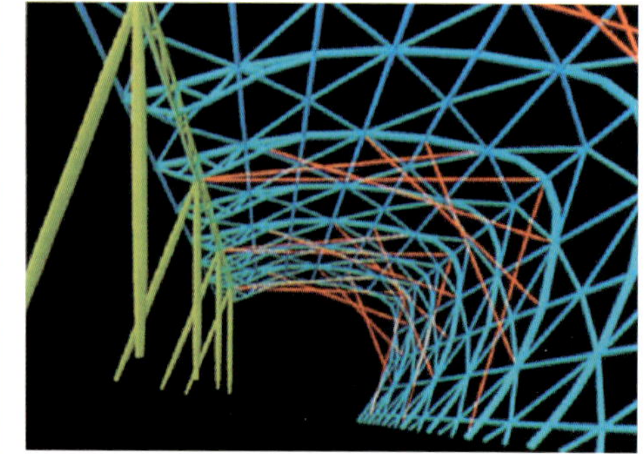

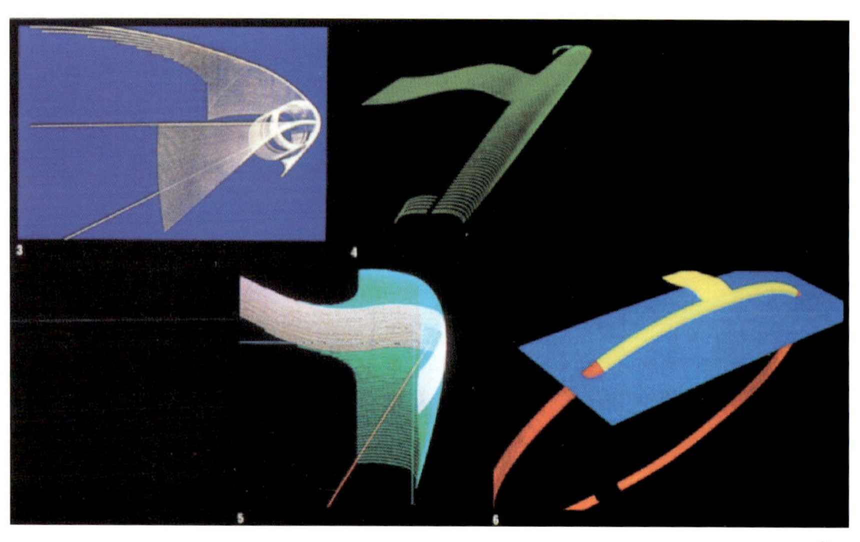

5. 표준 카다로그를 사용함으로서 프로그램, 공사의 질과 비용의 조정 그리고 수작업 기술이나 습식 공법의 경감.

6. 최소 산업재료들의 최대한의 사용.

7. 숙련된 조립 팀들을 운용.

8. 최대 경제적 스판과 부재들의 표준생산한계에 의해 결정된 건물 형태와 치수들.

9. 정교한 판넬 시스템의 사용을 통한 고온 인슐레이션과 일반 환경조절.

10. 명확히 정의된 외피, 구조 그리고 서비스.

11. 해체 후 재사용이 가능한 내부, 외부 부재.

12. 질서, 행복을 부여하고 기술적인 의미를 없애는 밝은 색채의 사용.

13. 전통적으로 위계성을 지닌 평면계획의 철폐.

10

11

12

Pompidou Center

9, rue Beaubourg et rue Saint-Martin [4e], Paris, France, 1977, Renzo Piano & Richard Rogers

작품설명

| 디자인 컨셉 |

퐁피두 센타는 기계적 이미지의 건물로 그 당시에는 상당히 미래지향적인 이미지를 제공하고 있었다. 전체 계획은 내부를 기둥없는 공간으로 구성하여 미스의 보편 공간의 개념을 취하고 있고, 모든 서비스나 설비 공간을 외부에 배치시켰다. 그러므로 자연스럽게 덕트 공간이 외부에 노출되어 디자인의 요소로 사용되고 있고, 칼라를 이용하여 각 설비의 기능을 시각적으로 표현하고 있다. 내부 공간은 공장같은 기계적 이미지를 가지고 있고, 전시특성에 맞게 가변형 벽체를 이용하여 공간을 구성할 수 있도록 오픈된 공간을 이루고 있다.

건물 전면에는 이벤트 광장을 배치하여 이곳을 지나가는 보행자들에게 휴식의 공간을 제공하는데, 건물의 주 출입구 쪽으로 내려가는 경사를 두어 자연스럽게 이 건물방향으로 앉아 쉴 수 있도록 계획되어 있다. 그리고 정면에 사선으로 올라가는 원통형 튜브 매스는 최상층 전망대와 전시장으로 오르는 에스컬레이터로서 전면 디자인의 포인트 역할을 하고 있다.

| 프로그램 |

퐁피두 센타의 주공간은 길이 170m, 폭 50m, 높이 7m의 공간으로 어떠한 이벤트에도 대응하는 유연한 공간이다. 그러므로 이곳은 순수 예술작품뿐 아니라, 산업박람회나 특별 행사를 위한 공간으로 제공되기도 한다.

이 건물은 광장을 통해 진입하도록 계획되어 있다. 광장은 주 출입구쪽으로 경사져 있기 때문에 자연스럽게 그곳으로 시선이 모아진다. 주 출입구를 지나면 대공간으로 이루어진 로비 홀이 나온다. 이곳은 이 건물의 각층 서비스공간으로 이용되고 좌측으로 이동하면 최상층으로 올라가는 에스컬레이터가 있는 곳에 이르게 된다. 건물의 각층에는 전시장이 상당히 기능적으로 배치되어 있다.

이 건물은 내부에 대공간을 만들기위해 건물전체가 철골조로 지어졌다. 공간을 지탱하기위해 길이 48m의 truss가 사용되었고, 이 공간의 동서 양사이드에게는 길이 8m의 대들보에 의한 7m폭의 구조구역이 설치되어 있다. 이 부분의 서쪽(광장측)에는 튜브(escalator)나 엘리베이터, 복도 등의 설비계가 배치되고 있고, 동쪽에는 설비 서비스계가 수납되어 그 외벽에는 화려한 파이프나 덕트가 노출됨으로써 이 건물의 외관상 독특한 특징을 제공하고 있다.

- 원통 튜브: 최상층 전망대와 전시실로 오르는 수직 동선으로서 광장과 면해 있어, 하나의 디자인 요소로 작용하면서 광장을 조망할 수 있는 역할을 한다.
- 대공간: 거대한 전시실은 전시 용도에 맞게 기능적으로 구성될 수 있다.

Musée national d'art moderne

와코루 미디어 센터
스파이럴 빌딩 Spiral Building

Fumihiko Maki의 건축사고방식
: 메가스트럭처 – Fumihiko Maki

일본 〈메타볼리즘(Metabolism)〉 그룹의 창립 맴버였던 후미히코 마키(1929년 동경 출생)는 동경대학과 미국의 크랜부룩 아카데미(Cranbrook Academy) 그리고 하버드 건축디자인 대학원(Harvard GSD)에서 건축교육을 받았다. 그 후, 미국 세인트루이스의 워싱턴 대학에서 건축과 조교수로 근무했으며 그곳에서 『Investigations in Collective Form』이라는 책을 쓰기도 했다. 후미히코 마키는 메타볼리스트 그룹의 작품에서 암시되고 있던 그리고 아키그램(Archigram)과 폴 루돌프와 같은 건축가들의 작품에서 변형되어 나타나고 있던 한 가지 아이디어, 즉 '메가스트럭처(Megastructure)'라는 단어를 처음 성문화했다. 아래의 글은 마키의 "메가스트럭처"에 대한 요약된 글이다.

1

메가스트럭처(Megastructure)는 도시의 모든 기능을 감당하고 주거기능을 하는 거대한 구조이다. 그것은 오늘날의 기술에 의해 가능하게 된 것이다. 어떤 면에서는 인간이 만든 경관(landscape)의 특징이라 할 수 있다. 그것은 마치 이탈리아의 마을이 있는 거대한 언덕같이 보인다. 메가스트럭처의 고유 개념은 다소 정적인 성격을 가지고 있는데 매우 다양하고 많은 기능이 편리하게 한 장소에 집중되는 것이다. 메가스트럭처는 기능의 조립과 집중을 통한 효율성을 내포한다.

도시디자이너들은 메가스트럭처의 개념을 좋아하는데 그것은 거대하고 그룹화된 기능을 합리적으로 질서화시키기 때문이다. 이것은 메가스트럭처가 확장되거나 축소되기 쉬운 여러개의 독립적인 시스템으로 구성되어 있어 경직되고 위계적인 시스템보다 선호됨을 말한다.
다시 말해서, 전체를 구성하는 각각의 시스템이 그들 자신의 독자성과 수명을 다른 것에 의해 영향받지

2 3

4

않고 유지할 수 있음을 말하며 동시에 다른 것들과 역동적인 관계를 유지할수 있음을 말한다. 가장 최적의 관계가 형성되었을 때 환경조절 시스템이 만들어질 수 있다. 그 시스템은 최소의 유기적 구조를 가지고 최대의 효율성과 융통성을 주기 때문에 이상적이다.

메가스트럭처의 가장 흥미로운 발전은 겐죠 단게(Kenzo Tange) 교수에 의한 것이다. 단게의 메가스트럭처의 개념은, 변화가 같은 영역에서는 다른영역에서 보다 늦게 일어날 것이라는 생각과 디자이너는 기능을 확실하게 할 수 있다는 생각에 의존하며, 그는 변화의 긴 사이클의 마지막을 다루는 것이며 그것이 가장 짧은 것이다.

이상(ideal)은 시스템이 아니다… 도시의 물리적 구조는 예측할 수 없는 변화에 달려있다. 이상은 새로운 균형의 상태로 움직이며 시각적 일관성과 오래동안 계속되는 질서의 감각을 유지하는 일종의 지배적인 형태(master form)이다. 메가스트럭처는 문제를 나타내지만 또한 다음에 대한 중요한 약속을 하고 있다.

5

와코루 미디어 센터 – 스파이럴 빌딩

환경 공학

메가스트럭처는 구조공학과 도시공학간의 협력이 필요하다. 대 경간구조(large span), 스페이스 프레임, 경량막구조(light skin structure), 프리스트레스트 콘크리트, 속도미학(highway aesthetics), 대지 형성(earth forming) 등의 가능성들이 지금의 수준보다는 훨씬 더 발전하게 될 것이다. 대규모의 기후조절도 더 깊이 연구될 것이다. 새로운 유형의 물리적 구조인 환경적인 건물(environmental building)이 나타날 것이다.

다 기 능 구 조

우리는 건물이 한가지 특수한 목적에 맞게 디자인되어야 한다고 당연하게 생각해왔다. 다기능주의의 개념이 조심스럽게 접근되었음에도 불구하고 그것은 유용한 가능성들을 제시한다. 우리는 메가스트럭처에서 구로카와의 'Architectural City'에서와 같은 조합을 이해할수 있다.

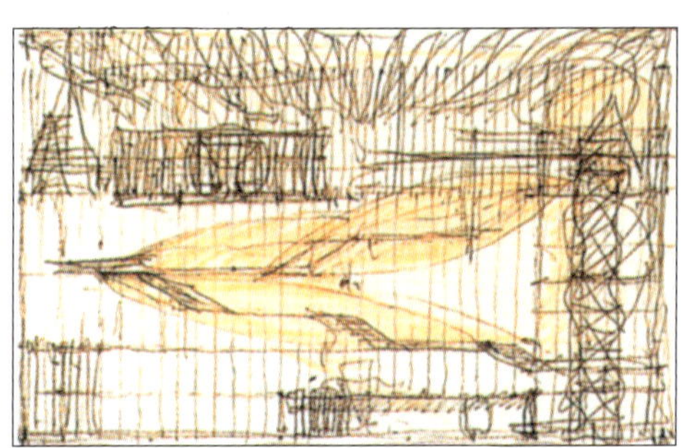

6

7

공공투자로서 하부구조(Infra-structure)

실질적인 공공투자는 그들 주변에 있는 공공 구조를 안내하고 자극하기 위하여 하부구조(메가스트럭처의 골조)로부터 만들어질 수 있다. 이러한 전략은, 공공기관에서 소유권을 유지해야 하며 수평 수직적인 순환시스템을 유지해야하는 대지 활용의 새로운 삼차원 개념에로 확장될 수 있다.

(Fumihiko Maki, Investigations in Collective Form, a special publication, no.2,
The School of Architecture, Washington University(St. Louis), June, 1964)

9

8

10

Spiral Building

港區 南靑山 5-6-23, Japan, Fumihiko Maki

작품설명

| 디자인 컨셉 |

와코루 미디어 센터, 일반적으로 스파이럴 빌딩으로 알려진 이 건물은 1980년대의 후미히코 마키의 건축으로서 일본의 사무소건축 뿐 아니라 일본 도시계획(Japanese Urbanism)에 있어서 일종의 랜드마크적인 건물이었다. 미술관, 소극장, 상점, 레스토랑, 그리고 오피스로 되어있는 이 건물은 비공식적, 그리고 비인습적인 배치로 인해 다양한 예술분야들을 지원하고 있다. 건물의 아이디어는 일본의 란제리 산업을 선도하는 와코루사(社)가 그들의 근거지를 일본 서부 교토에서 동경으로 이전하기로 결정했을 때인 1980년 초에 이미 나와 있었다. 본사의 이전에 따라, 와코루사는 동경에서의 자신들의 이미지를 격상시키기 위해 하나의 건물을 스폰서하기를 원했다. 이 건물은 그들의 상품을 팔기 위한 상업건물일 필요는 없었으며, 오히려 새로운 회사 이미지를 격상시키기 위한 건물이어야 했다.

교토에 있는 와코루 본사로부터 그들은 건축 프로그램에 필요한 인원들을 마키 사무실로 파견했으며, 그들과의 오랜 조사와 연구 끝에 적절한 계획안이 나오기에 이르렀다. 1985년에 개장한 이래, 스파이럴 빌딩은 퍼포먼스와 전시로 인해 동경에서 가장 유명한 건물 중 하나가 되었으며, 새로운 예술의 수용이라는 측면은 하나의 포럼을 지속적으로 제공하려고 했던 회사의 노력과 지원 덕분에 가능했다.

| 프로그램 |

초기에 제안되었던 와코루사의 프로그램은 상업적인 것이 아닌 현대 예술 분야를 지원함으로써 자사의 이미지 제고를 목적으로 하였다. 따라서 다양한 차원의 프로그램이 건물에서 요구되었다. 이러한 프로그램의 다차원적 본질은, 건물 외부의 사각형 알루미늄 판넬의 그리드 상의 중첩과 떼어내어진 창문들, 그리고 기하학적인 볼륨들이 함께 어우러진 건물 외관에 잘 나타나 있다. 이와 같은 파편화되고 꼴라쥬된 구성은, 또한 많은 건물들의 병치와 혼란한 스케일 상 그리고 표현상의 경계가 서로 무관계한 동경이라는 도시의 이질적인 맥락과 서로 관계하고 있다. 도시 그 자체처럼 사람들이 스파이럴 빌딩 화사드를 인식하는 것은 단편들의 선택된 파편화에 근거하고 있는 것이다.

외부에서 보이는 날카롭고 정확한 알루미늄 판넬들과 얇은 새쉬의 윤곽은 순수한 면과 간결하게 이루어진 선들의 추상적인 텍스취를 창조해 낸다. 화사드 평면에서 판넬들과 실란트 사이의 오픈 조인트들은 이와 같은 직선의 검은 라인들을 만들어 내고 있다. 이러한 은회색 텍스취에 대항해 여러 가지 기하학적 솔리드들, 즉 원추형, 사각형, 피아노 선, 그리고 옥상정원, 피라미드와 반구체 돔이 건물에 설치되어 있다. 이와 같이, 꼴라쥬 된 솔리드들은 백색의 추상이며, 알루미늄 주변의 물질성을 희박케 하고, 건물에 더욱 상징적인 기능을 제공한다. 그 당시, 미국에서의 빌딩과 다른 나라들에서의 건축이 포스트 모던의 고전적인 회고로 돌아갔을 때, 이 건물은 20세기 건축의 아이콘들과 큐비스트 예술의 비전으로 회귀하고 있었다.

| 동선순환체계 |

지면으로부터 건물로 진입하면, 시각적으로 두 군데
의 동선이 눈에 들어온다. 즉 정면으로 원형의 아트
리움 갤러리와 왼편으로는 주 동선 격인 계단이 설
치되어 있음을 볼 수 있다. 동경의 가로를 바라볼
수 있는 전면의 계단은 다양한 시각적 경험을 유도
하며 관람객에게 휴식, 전망, 원활한 동선의 처리를
부여하고 있다. 이 곳의 전면에 의도된 파편화된 화
사드는 꼴라쥬로서의 입면으로도 보이며, 동경의 혼
잡과 카오스적인 인상과 반응하는 것으로도 볼 수
있다. 건물의 주 동선 처리는 왼편 가운데에 설치된
중앙 계단과 엘리베이터로 이루어지며 이곳을 통해
각 층에 오를 수 있다. 원통형의 아트리움 갤러리는
건물 뒤편의 전시 공간으로서 관람객들로 하여금 다
양한 예술적 체험을 가능케 하며 그 윗층의 스파이
럴 홀과 5층의 옥상정원에 연결되어 있다.

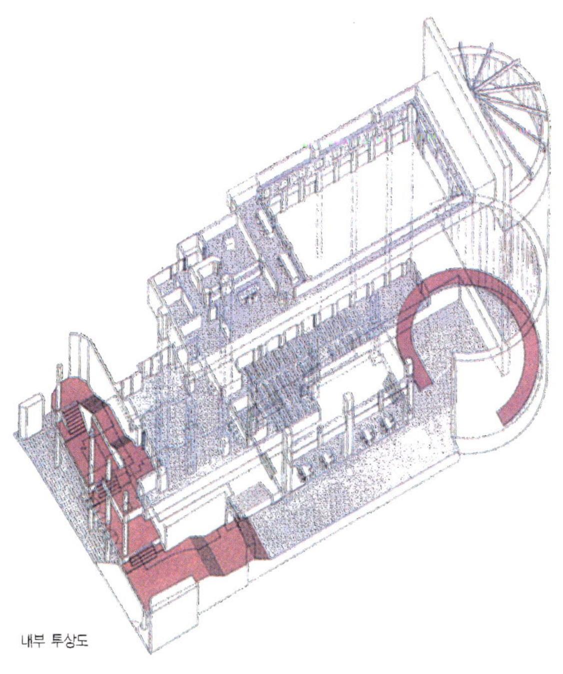

내부 투상도

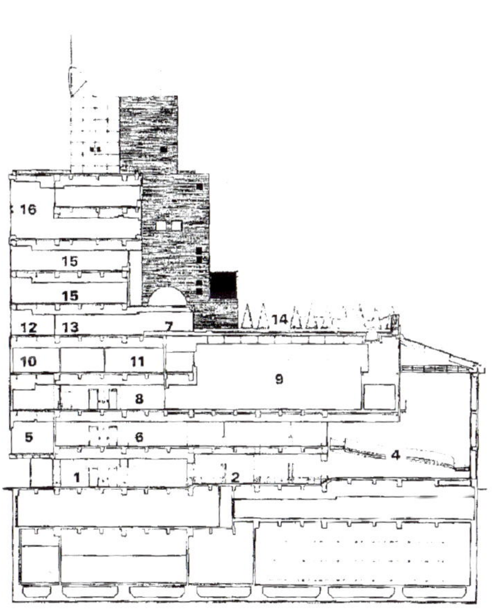

단면도

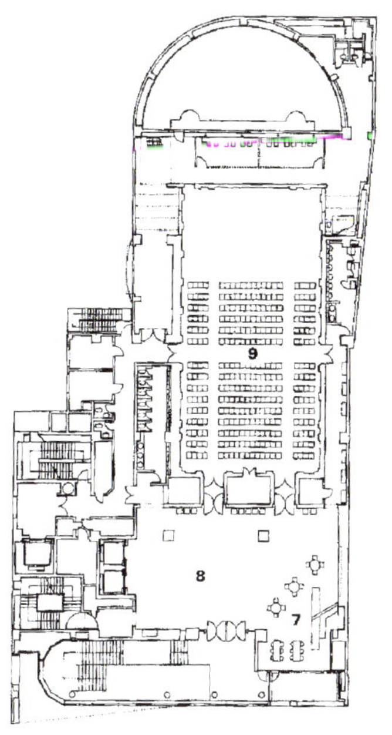

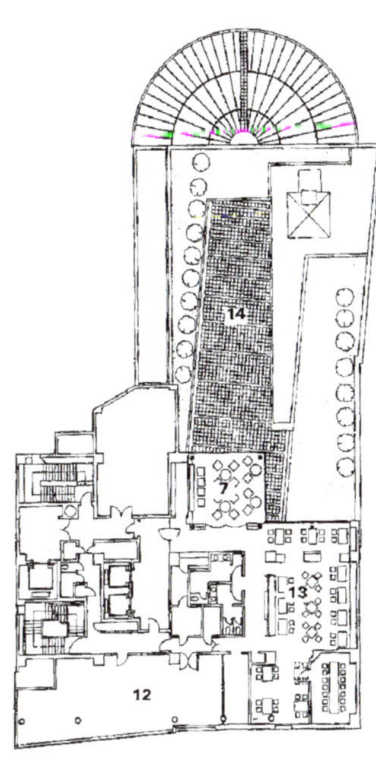

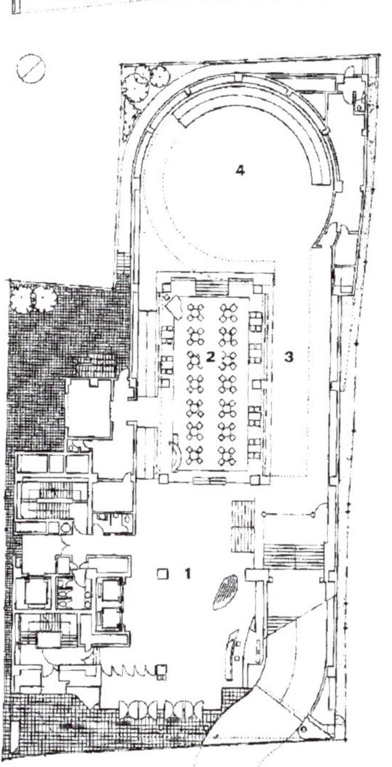

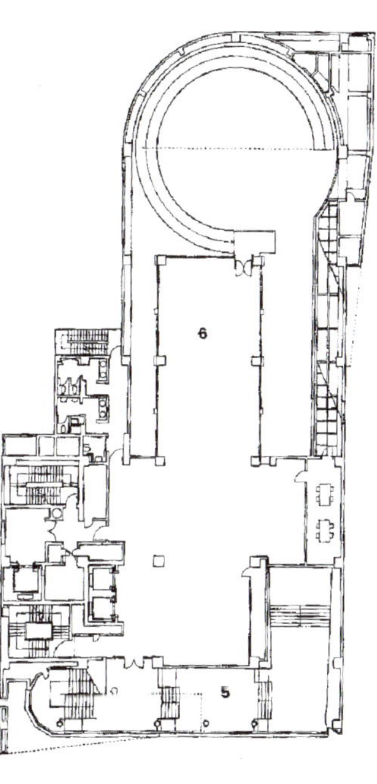

평면도

1. 입구홀	7. 바	13. 레스토랑
2. 카페	8. 포이어	14. 옥상정원
3. 갤러리	9. 스파이럴 홀	15. 디자인센터
4. 아트리움	10. 오피스	16. 클럽
5. 경사로	11. 스튜디오	
6. 숍	12. 주방	

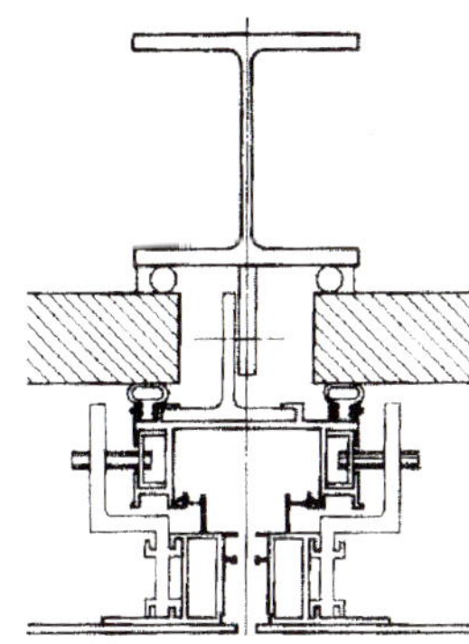

디테일

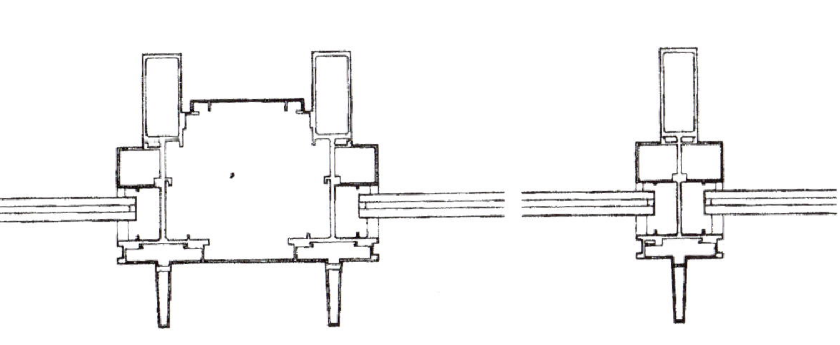

보네판텐 뮤지엄
Bonnefanten Museum

Aldo Rossi의 건축사고과정

알도 로사(Aldo Rossi)

개 요

알도 로시는 1931년 5월 3일 밀라노에서 태어났다. 1959년 밀라노 공과대학을 졸업했으며, E.N. 로저스 (Ernst N. Rogers)와 쥬제뻬 살모나(Giuseppe Salmona)의 밑에서 공부하였다. 재학 때부터 〈Casabella Continuita〉지(誌)에 기고하였고, 1960년 밀라노에서 개최된 〈이탈리아 가구의 새로운 디자인〉전(展) 및 〈밀라노 트리엔날레〉에 참가하였으며, 1961년부터 1964년 사이에 〈Casabella Continuita〉지(誌)의 편집에 종사했다. 1963년 아레쪼 대학(Arezzo) 도시계획과 조교수로 근무했으며, 1963년부터 1966년에 걸쳐 베니스 건축 대학에서 교육 및 연구에 종사하기도 했다.

1964년, 대학에서 건축 계획을 강의하는 자격을 취득하였으며 1965년부터 1966년, 밀라노공과대학 조교수 및 건축 계획을 지도했다. 『도시의 건축』을 출판한 이후 이 책의 스페인어판, 독일어판, 포르투갈어판, 영문판 이 출판된다. 1966년부터 1967년간, 스칼라 대학 건축과 조교수를 지냈고, 1967년에는 트리에스테(Trieste) 에서 개인전을 열기도 했다. 1968년부터 밀라노공과대학 조교수로서 건축 계획, 교수로서 건축 구성을 지도 했다. 1971년 11월 23일에 학생 운동을 지원하다 교수직을 떠난다. 1972년부터 1974년까지, 취리히의 연방 공과대학 부교수를 지냈고, 1974년 같은 대학에서 〈알도 로시/루이스 칸/존 헤이덕〉전(展)을 열었으며, 서베 를린에서 개인전 〈합리주의 건축〉을 개최하였다. 1975년, 베니스대학 건축 학부 교수가 되었다. 동양에서의 작품으로는 1983년, 일본 후쿠오카에서의 〈일 팔라죠〉 호텔이 있다.

건축론: 단편(斷片)에 대해

동양에서는 일본을 중심으로 알도 로시의 건축을 좋아하는 일종의 경향이 존재했다. 일본에서는 이미 그의 〈자서전〉도 번역되었다. 그리고 알도 로시에 대한 평론도 몇 가지 쓰여져 있으며, 최근에는 일본에 그의 건물 이 지어졌다.

이러한 일은 대단히 좋은 일임에 틀림없다. 어쨌든 A. 로시가 현대 건축가 중에서 가장 중요한 한 사람이라 는 것이 확실하기 때문이다. 그러나 그가 동양에서 이 정도의 인기가 있다는 것은 그대로 그의 건축이나 건

1

2

3

축관이 동양에서 적응성을 지니고 있다는 것을 의미하는 것은 아니다. 또한 그만큼 용이하게 이해되고 응용될 수 있다는 것을 의미하는 것도 아니다. 뿐만 아니라 극단적으로 말하면, 그의 건축이나 건축관 만큼 동양과 거리가 먼 것도 없다. A. 로시의 건축이나 건축관은 동양에서 생각되는 것처럼 가벼운 것은 아니다. 오히려 그것은 딱딱하여 좀처럼 소화될 수 없는 어떤 것을 지니고 있기도 하다.

그 딱딱함이란 한마디로 말하면, 이탈리아의 건축이나 도시의 역사가 동양의 그것과 결정적으로 차이가 난다는 것으로부터 나온다. 동양에도 이탈리아 만큼의 길고 오래된 도시나 건축의 역사가 있다. 그러나 이들 사이에는 각각의 역사의 길이나 기술의 오래됨 또는 전통의 풍부함을 지지해 온 건축적 사고가 서로 다르다. 그것은 벽돌이나 석재에 의한 조적 구조와 나무에 의한 뼈대 구조의 서로 다름으로부터 생긴 건축 혹은 도시에 대한 사상의 차이이다. 조적 구조에서는 그 일부를 다시 짜는 것은 쉽지 않다. 쉽게 새로운 것으로 치환할 수 없는 구조를 지닌 도시나 건축을 갖는다는 것은 항상 새로운 것으로 전환해 나가는 것에 익숙하지 못하다. 건축이나 도시에 있어, 질에 대한 가치 기준이 다르다는 것이다. 돌이나 벽돌과 나무의 차이는 단순히 질적인 차이뿐만이 아닌 질의 가치 기준이 다른 것이다.

물론, 어떤 나라의 질이 딱딱하고 다른 나라의 질이 부드럽다는 등을 말하려 하는 것은 아니다. 딱딱함이나 부드러움은 어디까지나 비유의 문제이다. 그런데, A. 로시가 과거의 기억이라든지 장소의 기억이라고 할 때 그것은 이러한 질이나 질의 가치 기준의 서로 다름을 배제한 기억을 말하는 것은 아니다. 오히려 그러한 것

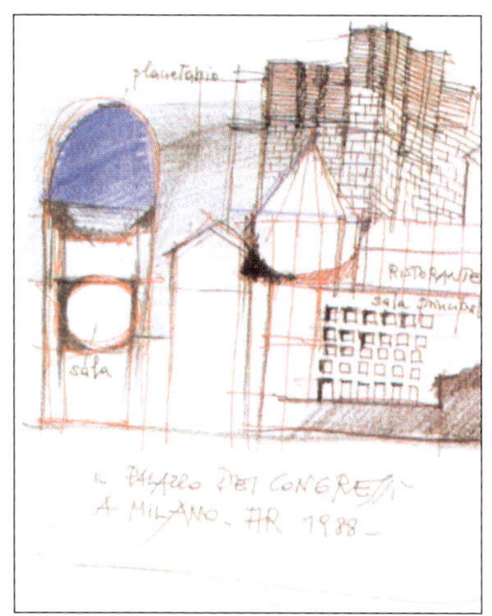

4   5

보네판텐 뮤지엄

을 연속적으로 계승하고 있는 것, 그것이 아닐까 한다. 만약 그렇지 않다면, 그런 기억은 무의미할 것이다. 문제는 무엇을 기억해 두는가 하는 것이다. 그것은 역사적 인식이라고 바꾸어 말해도 좋다. 그리고 A. 로시의 건축은 이 기억, 이 역사적 인식으로부터 성립하고 있는 것이다. 그 기억, 그 인식이 그의 건축의 형태의 기본을 결정하고 소재의 선택을 지배하고 있는 것이다. 형태나 소재가 자의적으로 결정되어 있지 않다는 것이 건축에 딱딱함을 부여하고 있는 것이다. 그의 건축에서 자주 보이는 원추나 입방체는 일견 입체 기하학으로 생각되지만 그렇지 않다. 그것들은 A. 로시의 건축에 있어 의미를 발생하지 않는 형태, 즉 그의 역사적 인식의 표현인 것이다. 또한, 그러한 소재는 그의 역사적 인식의 표정이다. 최근 A. 로시는 "단편(斷片)"론을 발표했다. 이것은 그의 현상 인식론이라고 볼 수 있을 것이다. 그에 의하면, 도시나 건축도 결국 단편화해 가는 경향에 있다고 한다.

6

7

바꾸어 말하면, 도시나 건축도 그러한 단편이 재구성된 것이다. 그러나 여기서 말하는 단편이란 자의적으로 주워 모은 것은 아니다. 건축이나 도시도 그러한 자의적 단편의 단순한 '티끌 모아 태산'은 아니다. 단편이란 일찍이 하나의 정리된 것의 파괴된 조각이다. 그것은 고대의 건축물의 파편일지도 모른다. 그것은 지금은 없어진 시와 글의 조각난 편지나 문장일지도 모른다. 혹은 보석의 깨어진 조각일지도 모른다. 어쨌든 그것은 그 자체의 과거의 기억을 계속 보유하고 유지하고 있는 것이다. 단편은 그 출처를 명시하고 있는 것이므로, 경질(硬質)인 것이다. 그러한 단편이 각각의 출처를 나타내면서 모아지는 장소가 다름 아닌 건축이며 도시이다. 이 경우, 그 건축이나 도시를 단일의 의도로 집약하는 것은 필요하지 않다. 중요한 것은 단편이 재구성되면서 그 구성의 고리를 한층 더 넓혀 가는 것이다. 그에게 있어 건축은 건축만으로 끝나는 것은 아니다. 도시는 도시만의 문제도 아니다. 도시는 건축이며 건축은 도시이다. 이러한 상호 교차의 시점이 그의 건축을 한층 더 경질(硬質)로 만들고 있는 것이다.

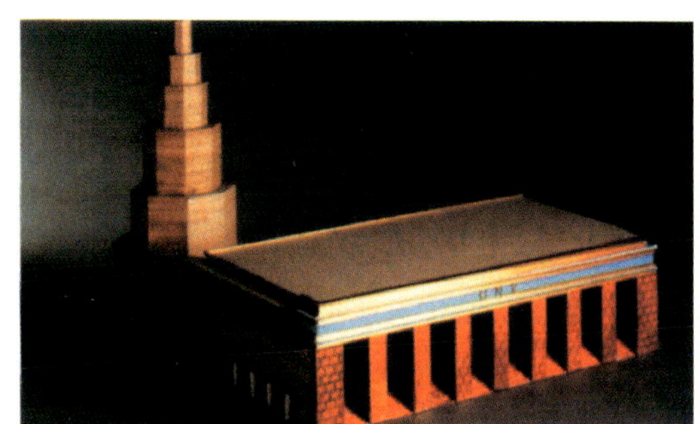

8

9

10

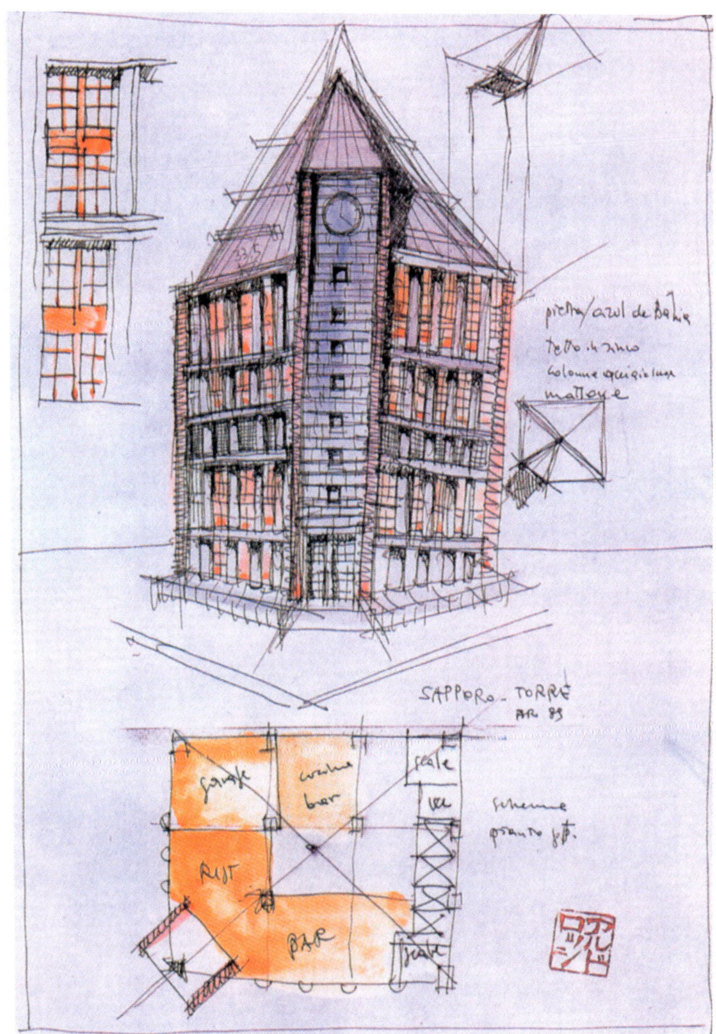

11

보네판텐 뮤지엄

알도 로시의 단편론(斷片論)에 대해 – Aldo Rossi

나는 요즈음 세계 각지의 다양한 현장에서 건축일에 종사하고 있지만, 제노바의 카롤로 페리체 극장(Carlo Felice Theater)의 경우와 같이, 비록 극히 중요한 역사적 건축물을 개축하는 계획에 있어 실제로 개축하는 것이 어떠한 점에서는 보다 좋아지든지 아니면 나빠지든지 간에, 그것이 본래의 작품성을 변경하는 것이라고는 생각하지 않는다. 건축은 하나의 이념으로부터 그리고 그것에 계속하여 총체적으로 통합하려는 전망으로부터 태어나야 하는 것이다. 전체에 도달하기 위해 부분으로부터 출발하는 것은 단지 소수파의 사람들과 딜레탕트들이 행하는 방법인 것이다. 수많은 위대한 건축 역사를 참조하면, 다양한 부분이 어떻게 작품 전체의 이미지 안에서 사라져 가는지를 알 수 있을 것이다.

건축의 목적은 실제로 건설되는 것이며, 환언하면 인간의 도시가 어떻게 존재할 수 있을까를 제시하는 것이기 때문에, 확실히 작품을 실현하는 것은 하나의 건축 계획의 완료를 나타내는 것임과 동시에 건축적 사상을 검증하는 것이기도 하다.

예를 들어, 페루지아(Perugia)의 광장이나 건물과 같이, 도시 가로의 다양한 부분을 구성하는 도시 건축물을 성장하듯이 건설해 가는 것은 도시 자체의 성장 변화와 그 건축물과의 연결을 나타내고 있다. 바꾸어 말하면, 그 건축은 도시와 함께 성장하는 것이다. 도시와 함께 성장하는 이러한 건축의 건설에서는 시간의 흐름 안에서 건축을 변용시켜 버리는 그 도시 특유의 요소가 비집고 들어온다.

12

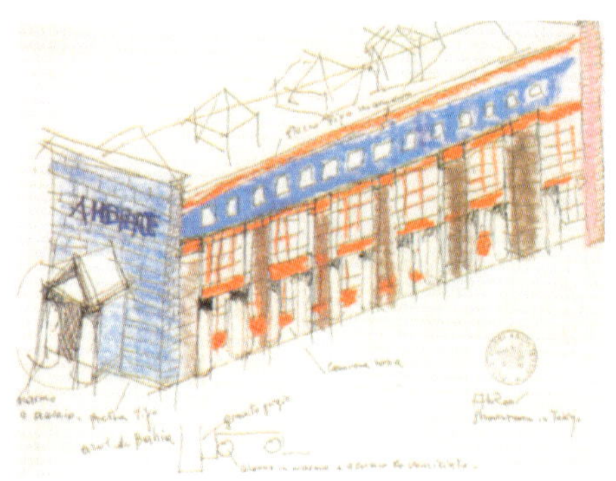

13

15   14

16

17

18

그러나 작품의 변질이라고 말해도, 인간의 인생과도 닮은 도시의 생활에서 자주 볼 수 있는 다양한 일상적 사건, 돌발적 불가항력, 타성적인 개악이라는 일련의 사건에 의한 것을 논하는 것은 결코 아니다.

이에 대해, 나는 다른 곳에서 "단편(fragment)"에 대해 언급했다. 그것은 도시의 생활도 인간의 인생도 항상 보다 완벽한 무엇인가, 혹은 일찍이 완벽했던 무엇인가가 이미 없어져 버린 무엇인가의 잔여 부분이라고 했던 "단편(fragment)"인 것이다.

나는 이것을 부분적이지만, 쥬사노(Giussano) 묘지 예배당의 페디먼트를 분절함으로서 표현해 보려고 했다. 고전적인 규범을 반복하는 것의 불가능성을, 우리의 시대에는 아는 것조차 어려운 균형 잡힌 생활을 요구하는 것의 불가능성을, "생의 단편"으로서의 "죽음"을, 즉 길지도 짧을 수도 있는 하나의 과정을 중단하는 것으로서의 "죽음"을 이 작품은 주제로서 암시하고 있는 것이다. 만약 이것이 가장 개인적인 작품이라고 한다면, 다른 실현된 작품(토리노, 페루지아 등에 있는 것)은 본질적으로 문명 도시의 건축 작품이다.

나는 많은 학술서가 논하고 있는 의미에 있어서의 문명 도시의 건축을 믿고 있다. 그리고 우리는 문명 도시의 조화 있는 전체 상을 전망하고 계획하여 구축하려고 하는 것이다.

여기 동경에 있어 혹은 다른 제국에 있어 볼 수 있는 듯한 고도의 기술에 뒷받침된 거대한 건설물을 눈으로 볼 때, 나는 뭔가 새로운 일이 일어나고 있다고 생각한다.

그러나 이 새로운 것은, 고대 로마시대의 수도교나 교량과 같은 위대한 역사적 건축이 보여주고 있는 바와 같이, 건축과 기술이 다시 조화를 이룰 수 있는 것일까? 만약 그렇지 않을 때, 우리는 부분 부분 틈을 보이고 있는 근대적인 자유 도시의 "단편(fragment)"에 시는 있을 수 없는 "물체"를, 감각을 결여한 도시에서 어느 새 옛 것이 되어 가는 "물체"를 손에 넣는 것만으로 끝날 것이다.

작품설명

| 디자인 컨셉 |

Bonnefanten Museum은 네델란드의 마스트리히트라는 곳에 위치하고 있다. 마스트리히트는 1991년 유럽통합을 위한 마스트리히트 조약이 체결된 곳으로 벨기에와 독일, 프랑스와 인접해 있는 도시이다. 이 도시는 남북으로 흐르는 마스 강을 기준으로 서쪽은 구시가지, 동쪽은 신시가지를 이루고 있는데, 이 건물은 한창 개발중인 신시가지쪽의 강변에 위치하고 있다.

이 건물의 평면을 보면, E자 형태를 하고 있는데 입구부분에는 원통이 삽입되어 있다. 특별한 기능은 없지만, 공간을 한번 정화시켜주고 있고, 위층에서는 이 매스가 전시 공간에 그대로 드러내면서 원색의 색깔을 사용해서 오브제로서 작용한다. 이 건물에서 가장 큰 공간 특징은 내부에 전시실로 통하는 주 계단의 디자인이다. 건물의 단면도를 보면 쉽게 이해할 수 있는데, 계단이 수직 이동 동선을 제공할 뿐만아니라 복도이면서 공간을 인지시키는 홀로서의 기능을 하고 있다. 또한 건물의 강변 측에는 천문대 또는 발전소 등을 연상시키는 매스가 있어 강변에서 이 건물을 인식시키고 있다.

| 프로그램 |

마스트리히트 마스 강변에 위치하고 있는 이 건물은 역사와 종교를 테마로 하고 있다. 건물 정면으로 광장을 형성되고 있고, 건물은 심메트리한 인상을 준다. 건물 1층에는 로비와 식당 등의 공공서비스 시설과 관리시설 등이 위치하고 있고, 전시시설은 2층과 3층에 위치하고 있다. E자형 평면을 이루고 있는 이 건물에서 상층부의 거의 대부분은 전시 용도로 사용되고 있고, 입구의 원통이 있는 부분의 상부 전시공간은 외부로부터 폐쇄된 공간을 이루는데, 이곳에서는 보석들이 전시되고 있다. 이외의 다른 전시실은 주로 회화 등의 특별전시가 이루어지고 있다.

| 동선순환체계 |

이 건물은 마스트리히트를 남북으로 가로지르는 마스 강의 동측 강변에 위치하고 있고, 건물 앞에는 큰 광장을 형성하고 있어 어디에서나 트인 시야를 제공한다. 건물에 들어서면 원통의 매스를 접하게 되는데, 이곳은 조용하면서 정제된 공간 분위기를 연출한다. 이곳을 지나면 전면에 거대한 계단 홀을 만나게 되며, 이곳을 중심으로 왼쪽에는 뮤지엄 샵과 레스토랑이 있고, 오른쪽으로는 안내와 사무실이 있다. 전시공간은 이 계단 홀을 오르면서 좌우로 분산되는데, 이 계단홀은 아트리움을 형성하면서 건물에 축이되는 공간으로서의 역할을 한다. 2층으로 오르면 좌우로 전시공간에 이르는 문이 있는데 건물 형태상 E자로 순환하면서 전시를 관람하도록 구성되어 있고, 한층 더 오르면 또한 같은 구성의 동선 순환이 이루어 진다. 특히 3층에 오르면 전면에 마주하는 원형의 공간을 만나게 되는데, 이것은 외부에서 인지되는 천문대같은 형상을 하고 있는 매스의 가장 상부공간을 이루는 곳으로 정적이면서 고요한 공간을 제공하면서 조각 등 단일 전시물을 전시하기에 알맞는 공간을 제공하고 있다.

전시 관람을 마치면 다시 계단홀을 통해 1층으로 내려오고, 오른쪽에 있는 샵이나 레스토랑으로 향하게 되는데, 형태가 E자로 벌어져 있기 때문에 어느 곳에서나 창이 나있어 공간이 답답하지 않고 항상 밝고 개방적인 이미지를 제공한다. 이렇게 열린 외부 공간에는 조각작품이 배치되어 있어 하나의 또다른 전시공간으로서의 역할을 하고 있다.

| 구조 시스템 |

이 건물의 전체구조는 조적조로 되어 있고, 내부에 거대한 열린공간에는 상부 전체가 천창을 이루는 아트리움 구조를 하고 있다. 이곳 마스트리히트 신시가지의 이미지는 붉은 색이라고 할 수 있다. 주변 건물 대부분이 붉은 조적벽돌로 마감되어 있고, 이 건물 역시 주변과 보조를 맞추고 있다. 옥외 열린 공간 부분에는 알도 로시가 많이 사용하는 원색적인 장식 장치가 있는데, 이 건물에는 노출된 기둥에 녹색의 H형강으로 마감하여 독특한 인상을 준다. 또한 이곳의 창틀을 빨강색의 원색을 사용하여 다른 곳의 입면과는 다른 인상을 제공하고 있다. 그리고 외부에 붙어 있는 원통형 매스는 유일하게 아연판으로 마감하고 있어 외부에서 보면 형태적으로나 재료적으로 랜드마크가 되고 있다.

| 주요 디테일 |

- **내부 원통**: 각 전시실에서 하나의 오브제가 되고 창이 나있어 내려다 볼 수도 있다.
- **계단 홀**: 건물 전체의 중심 공간이면서 이동 동선의 축이 된다.
- **레스토랑**: 외부에서 별도로 진입이 가능하고 옥외 조각 전시공간과 서로 통하고 있다.
- **외부 원통 매스**: E자형 평면에서 가운데 끝에 위치한 이 매스는 외부에서 독특한 형태로 디자인되어 랜드마크의 이미지를 제공한다.
- **입구 홀**: 비워진 정방형 공간에 원통이 삽입되어있고 이곳을 지나 계단 홀로 통한다.

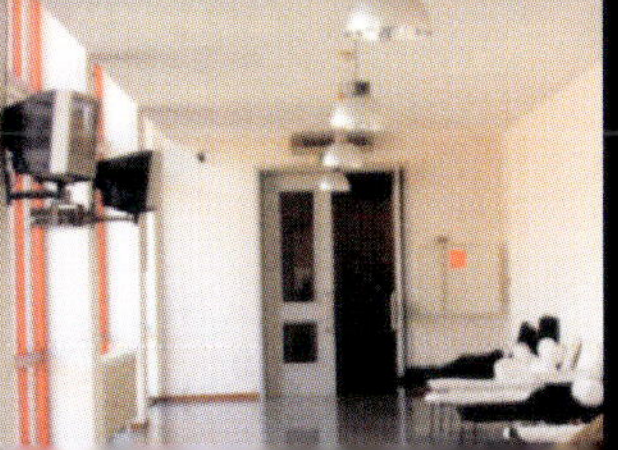

Herzog & De Meuron의 건축사고방식
: 건축—물질과의 만남 – Jacques Lucan

Jacques Herzog & Pierre de Meuron

쟈크 헤르조그와 피에르 드 뮤론의 건축물, 특히 그들의 최근의 건축물을 보면, 기교 혹은 "수법"을 용이하게 인식시키는 회귀적이고 도상학적인 기호 혹은 모티프를 거의 표출하고 있지 않다는 것을 알 수 있을 것이다. 각각의 건축물들은 그 콘텍스트나 프로그램과의 관계에 있어서 뿐만 아니라, 하나의 건축 언어가 지니는 코드화의 모든 문제의 관계에 대해, 그리고 서명이 지니는 반복적인 모든 효과와의 관계에 있어서도 실제로 "특수한 것"이다.

쟈크 헤르조그와 피에르 드 뮤론이 여러 대상의 형태를 개량하기 위해서 그러한 대상을 가공하는 직인, 결국 계승되는 또는 숙련된 형태, 완수(完遂)라는 연속적 운동 안에서 끊임없이 다시 나타나는 형태를 가공하는 직인이란 불가능하다는 가설을 여기서 세워 보자. 반대로 그들에게 있어서 각각의 설계 계획은 하나의 새로운

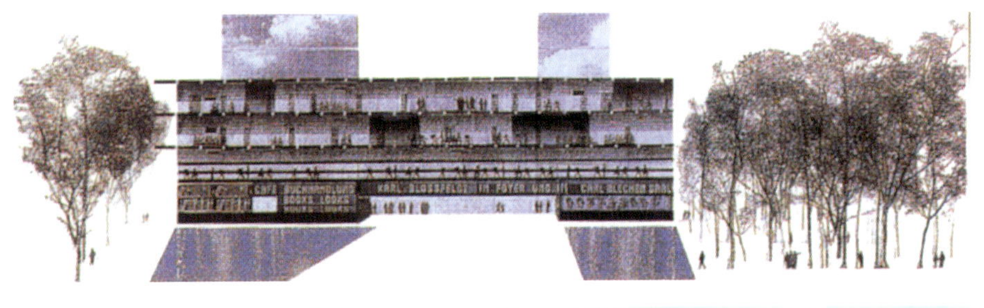

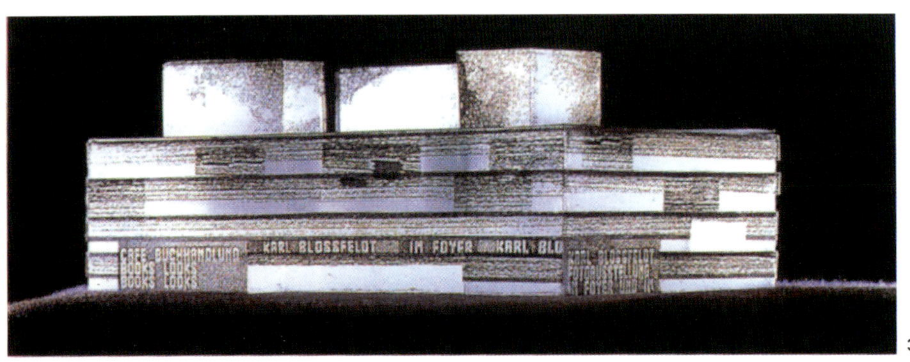

시작과 같은 것이다. 즉, 각각의 설계 계획에 대해 습관적인 혹은 인습적인 해결책으로부터 멀어지는 것이 끊임없이 요구되고 있다. 그것은 독창성에 대한 의사(擬事) 전위적인 선입관에 따르기 위해서가 아니라, 건축적 영위에 있어 고유의 의미 작용을 다시 부여하려고 시도하기 위해서이다. 이러한 관점으로부터, 이러한 하나의 작업의 귀결에 대해, 헤르조그와 드 뮤론의 친구이자 협력자인 건축가 로제 디나가 다음과 같이 적절히 말하고 있다.

"기존의 이미지나 다시 기술(記述)되어야 하는 여러 대상에 있어서, 이해 불가능한 건축물을 헤르조그와 드 뮤론은 세우고 있다. 그것들은, 미리 구상된 모든 이미지를 그리고 모든 선입관을 피하고 있다."

이러한 대상은 다시 기술되지 않으면 안된다. 즉, 이미지가 우리의 정신에 때로는 직접적으로 나타난다고 해도, 우리의 시선이 한층 주의 깊게 전소적(詮素的)이 될 때에는 그러한 이미지는 또한 신속하게 사라진다는 사실을 안 다음, 우리는 이러한 대상을 이해해야 하는 것이다.

내 재 적 인 부 합 일 치 와 분 석 적 구 상

이러한 체험이야 말로, 예를 들어 리글리아의 〈스톤 하우스〉가 우리들에게 부여하고 있는 것이다. 일견 보았을 때, 이 주택은 이해가능한 것이라는 힘을 지니고 있다. 결국 파골라에 의해 완결된 하나의 볼록으로 표현되고 있는 것이다. 쌓아올린 석벽에 의해, 그리고 철근 콘크리트조의 제요소가 직교하는 기하학에 의해 나타나는 강한 인상은 여러 대상의 완전한 체계를 우리들이 구축하는 것을 가능케 할 것이다.

이러한 대립은 자연의 소재와 인공의 소재, 벽 구조에 대한 백녁에 걸친 전통과 철근 콘크리트 구조의 전통, 그리고 망상의 섬세한 구조와 중후한 벽과의 대립과 같은 것이다. 이러한 시점에서 헤르조그와 드 뮤론의 작품을 관찰해 보면, 전통과 근대성, 모방과 창조라는 대립에 대한 "교양화"된 미묘하고 현명한 주석, 그러나 이는 인습적인 주석이라고 볼 수 있을 지도 모른다. 그러나 한편, 구조와 소재의 엄격함이나 아이러니와 우의(寓意)의 완전한 부재는 모든 호의를 거절한다는 사실의 기호이다. 그럼으로써 헤르조그와 뮤론이 건축을 하나의 게임으로는 결코 보지 않는다는 것이 명확해지며, 또한 우리는 그들의 목적이 무엇인지 한층 깊게 물어보아야 하는 것이 요구되는 것이다. 모든 "자연주의" 그리고 모든 회화적 실천과도 동떨어진 〈스톤

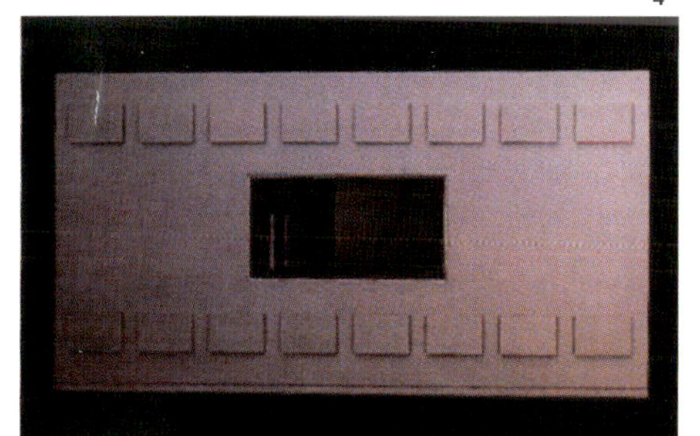

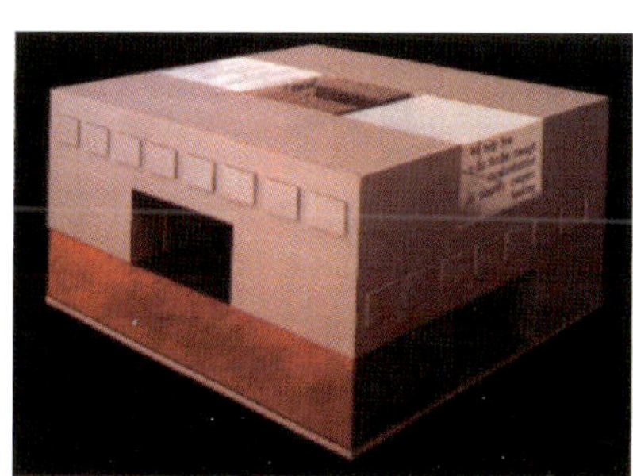

하우스)의 구상은 하나의 형상, 결국 십자형의 형상의 등록을 통해 범례적인 방법으로 표명되는 어떤 종류의 추상화 작용에 근거하고 있다. 이 형상은, 철근 콘크리트 구조의 표출을 통해서 이 주택의 4개의 수직면의 각 면 위에 나타나 있는 것이다. 그것은 평면에 있어서는, 주 층의 4실을 분리하는 간막이 벽을 구성한다. 평면과 외관에 형태적 유사성이 확립되어 있기 위해서는, 평면이 수평으로부터 수직으로 일어서 있는 것처럼, 혹은 외관이 수직으로부터 수평으로 넘어져 있는 듯이 느껴진다. 당연히 그 결과로, 제요소의 부합 일치가 결국은 그러한 요소를 서로 연결하는 초원적(初原的)인 구조로 나타내게 되는 것이다.

이와 같이 전체의 부합 일치가 탐구되면 필연적으로, 그 형태에 기생하는 너무도 주관적인 행동이 당돌하게 나타나는 일은 사라진다. 추상화는 표현의 체류(滯留)와 같은 말이다. 외관이나 "표현주의적"인 방법에서는 아무것도 표현되지 않는 경우에게만, 어떤 종류의 균형이, 동시에 그것이 항상 미묘한 것이기 때문에 완전히 정확한 것으로 확립된다. 이와 같이, 헤르조그와 드 뮤론은 곤란하고 어려운 길, 그리고 누군가, 예를 들면 피에트 몬드리안과 같은 사람이 이미 걸어온 길 위에 서 있다. 모든 "비극적"인 우회를 버리는 것에, 즉 어떤 것이 다른 것을 지배한다는 것의 모든 표현의 강조, 모든 폭력(violence), 다른 것에 의해 나타나는 모든 "고뇌", 이들 모든 것을 버리는 것에, 몬드리안은 사로잡힌 것처럼 경주하고 있었던 것은 아닐까?

이러한 관점으로부터, 쌓아올린 석벽의 표면과 철근 콘크리트의 격자 구조 사이에 어떤 종류의 이상한 형상적 동등성을 〈스톤 하우스〉는 표현하고 있다. 결코 어느 한편이 다른 한편에 대해 우위에 점유하는 일은 없다. 어느 한편이 다른 한편의 존재의 기반이 되는 일도 결코 존재하지 않는다. 또한 어느 한편이 다른 한편을 위한 골격을 이루는 일도 없다. 물론, 벽면과 기둥의 접합부에서 보이는 면과의 간격이나, 철근 콘크리트조의 벽과 바닥의 단부 면과의 사이에 조금의 차이도 존재하지 않는다는 것도 무관계한 것은 아니다. 이 경우에는 정확한 평면성이 형상적인 동등성을 보증하고 있는 것이다.

주요 인물 중 한사람으로서 아직 오귀스트 페레를 들 수 있는 합리주의 건축 흐름속에 그들의 탐구가 위치한다고는 생각치 않기 때문에, 헤르조그와 드 뮤론이 가고 있는 정확하고 결연한 선택을 보는 것만으로도 충분하다. 실제, 오귀스트 페레에게 있어서는 건물 골조의 표현이 건물 전체를 질서지우고 있다. 이 표현 때문에,

5

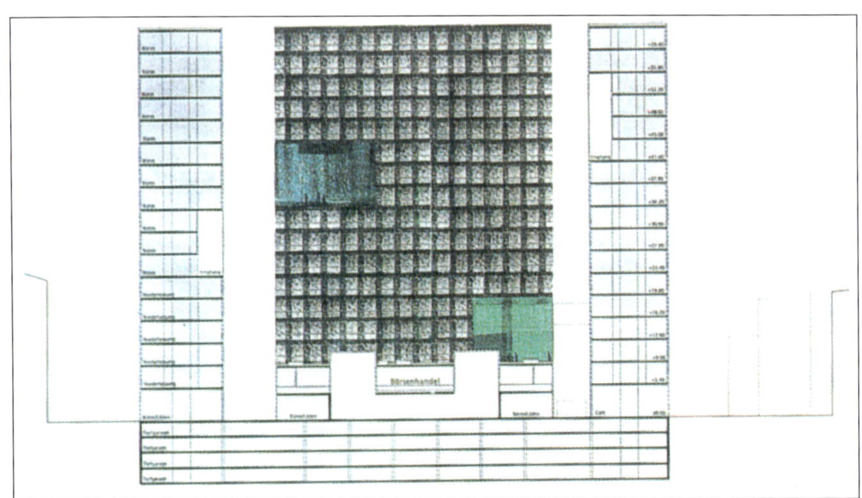

6

둘러싸인 벽이 항상 테두리가 붙은 것 같은 계층 질서가 요구되고 있다. 이와 반대로, 〈스톤 하우스〉에서는, 건조상의 명석함이 명확히 고시된 하나의 목적임에도 불구하고, 골조로의 벽의 종속은 찾아볼 수 없다. 특히, 그리고 이것은 우연한 것은 아니지만, 이 주택의 각 코너는 외관을 위한 테두리를 만드는 특수한 구조적 취급을 용인하는 것 같지는 않다. 쌓아올린 석벽은 90도안에서 처리되고 있다. 최종적으로는, 철근 콘크리트의 격자 구조에 중요한 형태적 결정론이 관계되어 있지 않다.

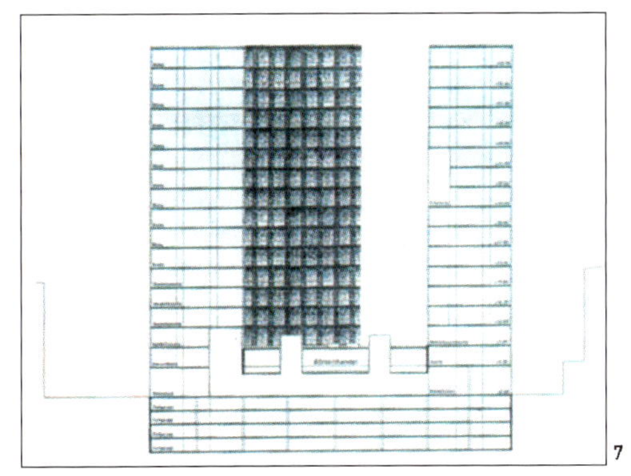

이 격자 구조는 쌓아올린 석벽을 그 조직망을 통해 붙잡고 있지는 않다. 조직망과 간막이 사이에는 상호의존이 표기된다. 그러나 각 질서의 자유 역시 완전히 동일하게 표명되고 있다. 이와 같이, 건조적 합리성에 대한 관습적인 원칙이라는 관점에서 보면, 하나의 역설적인 편향이 드러나고 있는 것이다. 파골라의 정방형 단면을 지닌 수평대들보는, 바닥의 코너 면이나 쌓아올린 석벽과 같은 평평한 외부면을 유지하면서, 석공사로 마감된 철근 콘크리트조의 정방형의 구석 기둥의 축에 대해 약간 차이나고 있을 뿐이다. 좀 더 분명히 말하면, 오귀스트 페레에게 있어서는 하나의 "죄"가 아니면 적어도 "과오"이다. 이 미묘한 편향은 중요하다. 이것에 의해, 헤르조그와 드 무론에 있어서는, 건조적 이유에 따르는 것만으로는 충분하지 않다는 것이 명시되고 있다. 그들에게 있어서는, 건축은 무엇보다도 우

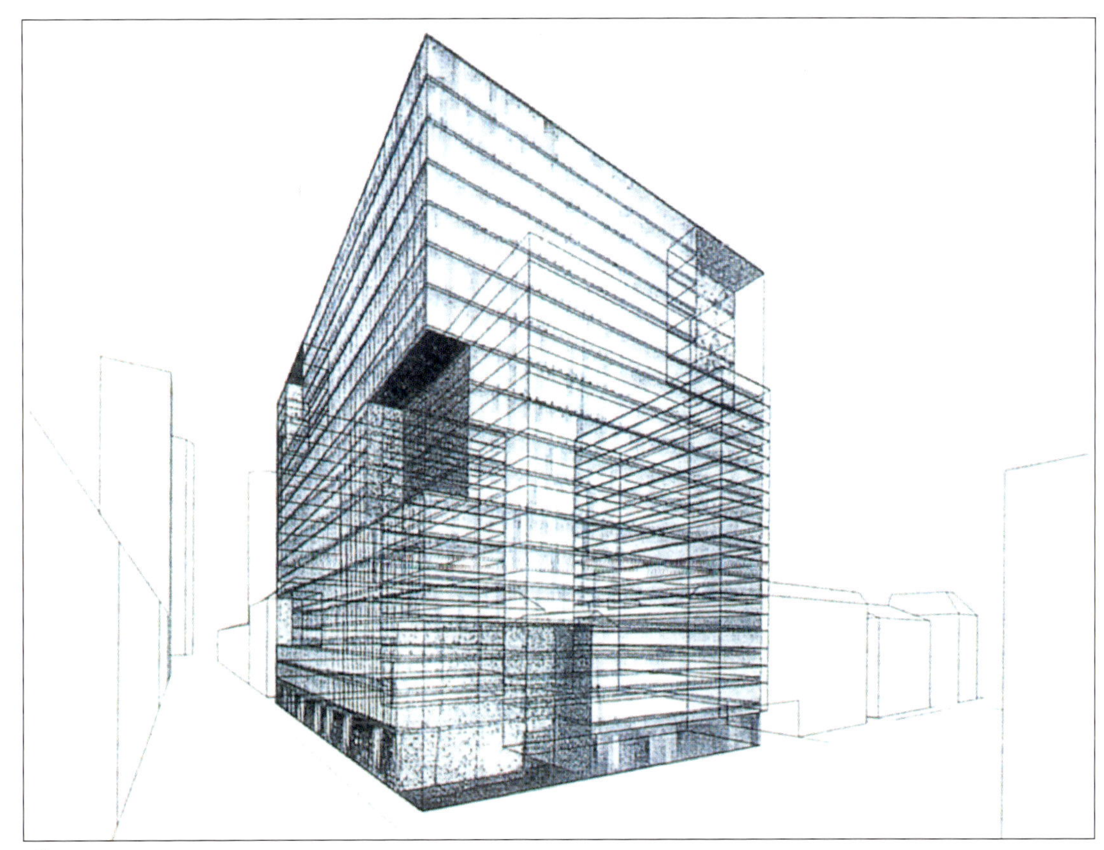

선, 하나의 부합 일치된 전체성 안에서 모든 요소를 "다시" 현전시키기 위한 "추상화"의 작업이다. 게다가 그 중의 어떤 요소에도 특권을 부여하지 않고, 모든 요소가 집적되는 어떠한 방식에도, 혹은 건조적 구조에 대해서도 미리 구상된 어떠한 사고방식에도 "자연성"을 부여하지 않는 작업인 것이다. 또한, 이 편향에 의해 헤르조그와 드 뮤론에 의해 구상되고 실시된 건축물에 주목을 끄는 시선은 민첩한 시선을 돌리는 것만으로는 충분치 않다는 것이 입증되고 있다. 작품을 "정신적 대상"으로서 평가할 수 있기 바란다면, 항상 작품 그 자체에 가장 가깝게 위치하고 있어야 한다.

작품은 스스로에게 요구하는 것과 같은 요구를 비평에도 요구하는 것이다. 이러한 선입관으로부터 어떠한 결론을 낼 수 있는 것일까. 건조의 조건 중 하나, 예를 들면 골조에 어떠한 계층적 특권도 부여하지 않지만, 그러나 내재적인 부합 일치의 표현을 목표로 함으로써 전체 요소는 분할할 수 없는 하나의 전체, 즉 "게슈탈트"를 분명히 하는데 필수적인 "중량감"이나 소재적 밀도를 가지도록 할 수 있는 것이다. 동일한 중량감 또는 적어도 같은 중량감을 전체 요소가 가짐으로써, 헤르조그와 드 뮤론은 내가 "분석적"이라고 부르는 자세를 취하게 된다. 그들은 여러 요소의 개성이 사라지거나 용해되기도 하는 하나의 전체성 안에서, 그러한 제요소를 혼합하거나 혹은 혼동시키려고는 결코 하지 않는다. 오히려 그들은 제요소의 집적 방식이나 그러한 상호 관계를 식별하는 것, 그러한 단일성을 보존시키는 것을 가능케 하는 전체성을 상정하려고 한다. "고뇌하지" 않고 잘못을 범하는 일도 없이, 어떻게 하면 하나의 형태의 "건조"에, 그리고 반복해 말한다면, 단지 건조적인 이유에서만 감축되지 않는 "건조"에 참여 할 수 있는가를 이 전체성은 우리들에게 이해시키는 것이다.

따라서 분석적 작업이라는 것은 결코 분리나 단편화와 같은 말이 아니다. 형태화의 내재적인 여러 규칙을 지니는 하나의 건축물을 전체적으로 표명하는 것을 희생하고서는 결코 그것이 전개되지는 않는다. 예를 들어, 최근작인 바젤의 〈슈첸마트의 집합주택〉에서도 명확히 논증되고 있다. 여기에는 도시적 외관의 통일적 원칙이나 개방적인 중정에 의해 조직된 평면의 원칙, 중정의 하늘로 향하는 개방도가 서서히 증대하는 것을 결정짓는 단면의 원칙을 찾을 수 있다. 여기에서도 〈스톤 하우스〉에 있어서와 동일하게, 어떠한 이야기 혹은 은유적인 차원도 작용하지 않는다. 이 건축물은 콘텍스트나 프로그램의 여러 조건에 일대일로 정확에 대응하고 있는 것처럼 생각된다. 내재적으로 해독되어야 할 하나의 전체로 그것은 개시된다. 그리고 헤르조그가 이전부터 언급한 다음과 같은 목적을 확실히 보여주고 있다.

> "우리는, 증명 가능한, 따라서 이해 가능한 현실의 한 조각을 세우는 것을 시도하고 있다. 해독하는 것이나 가까워지는 것도 불가능한 많은 사물이나 사건에 우리는 둘러싸여 있다. 바야흐로 그 때문에, 스스로 고유의 랑그(언어 구조)를 부여하는 하나의 대상을 우리는 만들어 내는 것이다. 그리고 이 부여가 하나의 희망을 표현하는 것이다."

Göetz Gallery

Oberforhringer Strasse 103, Munchen, Germany, Herzog & de Meuron

작품설명

| 디자인 컨셉 |

건축의 패션화를 이끌고 있는 HdM은 예술적 표현으로 다양하게
연출을 하고 있다. 건축의 표피가 기능에 따른 구조체의 아름다움
으로 표현되는 것과는 달리 신체에 비유되고 있는 그들의 건축은
새롭게 보인다. 건축을 인체에 비유하며 형상화 작업이 이루어 지
고 있는 것이다. 즉, 사람들은 무엇을 입고 몸에 무엇을 걸치고 싶
어하는가에 많은 관심을 보이고 있는 것이다. 그렇다고 다른 건축
물이 벗은 몸처럼 아무것도 걸치지·않았다는 것은 아니다. HdM은
건축과 패션을 굳이 구분짓지 않고 같은 예술로 보는 것이다. 여
러 작품에서 이러한 시도는 다양하게 연출되고 있다. 그렇다고
HdM의 모든 건축물이 새로운 표피를 씌워서 표현되는 것은 아니
다. 그들이 생각하고 표현하는 표피는 노출된 콘크리트에 비온 뒤
에 흘러내리는 자국까지도 패션으로 추상화되는 과정을 연구하고
현상화시키는 것이다. 아마도 미니멀니즘을 추구하는 건축가나 안
도 다다오의 입장에서 또는 코르뷔제의 입장에서 HdM의 작품을
혹평을 하게 되지는 않을까? 특히 노출 콘크리트를 통해 건축의
순수함을 표현하는 다다오는 구조체에 다른 표피에 의해 다시 환
원된 HdM의 작품은 하나의 현혹이면서 눈 속임이라고도 생각할
수 있다. 그러나 건축은 기능적인 측면외에도 도시의 일부로 사회
속에 한자리를 차지하게 되는 것이다.

갤러리의 소유주는 자신의 마당에 소장품을 전시할 공간을 마련하
고 있다. Göetz Gallery는 매우 단순한 형태를 추구하고 있으며,
HdM이 보여 주던 표피가 이제는 유리나 자연스럽게 형성된 껍질
이 아니라 유리로 된 구조체를 마치 콘크리트로 감싸고 있는 느낌
을 선사한다. 재료는 1층은 유리표면이고 2층은 콘크리크처럼 보
이지만 목재로 되어 있으며 3층은 내부공간에 빛을 뿌려주기위한
유리로 되어있다. 매우 단순하게 처리된 외벽에는 섬세한 고려가
있었음을 볼 수 있다. 목재로 구성된 2층은 1층부의 유리크기와
동일하게 분절시켜 일체감을 형성하고 있다. 또한 대지와 밀착된
건물은 땅위에 건축된 것이리기보다는 땅속에서 솟아난 느낌 즉,
일체화된 모습을 보여준다. 테이트 갤러리에서 보여주었던 빛의
상자가 작은 형태로 재현된 느낌이다.

| 프로그램 |

이 건물은 지하1층, 지상 2층으로 구성되어 있으며 외부에서 경계 지어졌던 층의 구분은 내부에서는 사라지게 된다. 즉, 외부의 1층부에서 유리로 처리된 부분이 지하층의 빛을 유입시키는 부분으로 역할을 하게 된다. 물론 외부에서는 2층과 3층으로 확연하게 구분되던 부분이 내부에서는 하나의 공간으로 묶이어, 내부공간을 유리로 감싼다는 느낌보다는 빛으로 머리띠를 두르고 있다는 느낌이 드는 공간을 연출하고 있다.

| 동선순환체계 |

직사각형의 공간답게 매우 단순한 처리로 전시공간이 구성되어 있다. 빛이 옆으로 스며드는 계단실을 통해 이어지는 지하층과 2층은 전시공간으로 이끌어들이는 유일한 통로역활을 한다.

| 구조 시스템 |

RC구조로 기본골격을 갖추고 있으며 목재로 둘러싸인 부분은 120mm 정도되는 간격을 유지하는 특이한 형태를 취하고 있다. 그들이 항상 연구하며 표피를 형성하고 있다는 모습이 이 작은 갤러리에서도 엿보인다.

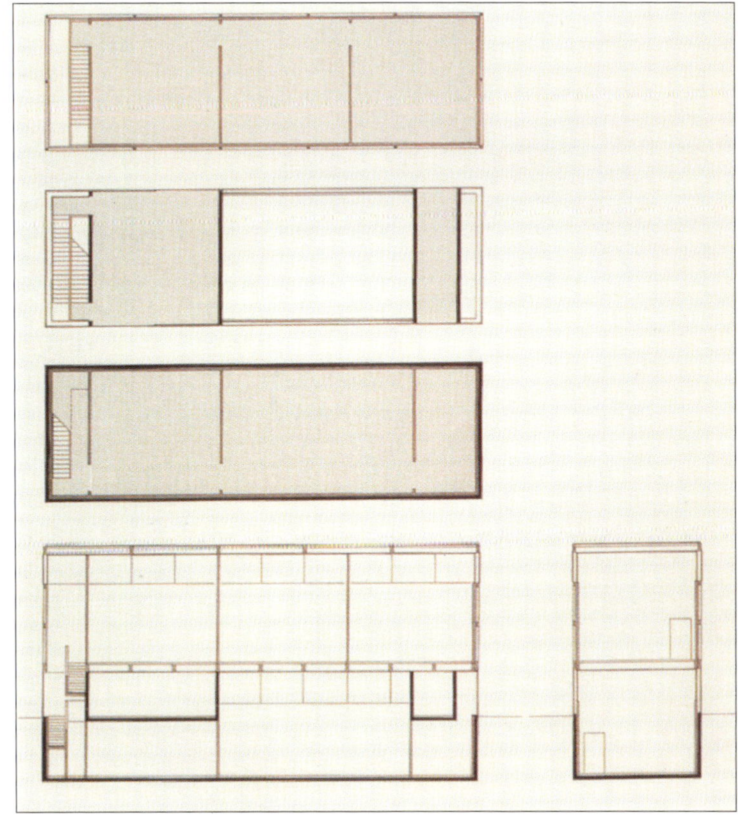

맨하탄 전사(轉寫) The Manhattan Transcripts
: 이론적 프로젝트 Theoretical Project – Bernard Tschumi

조건(Condition)

전사(轉寫)는 현대에 있어서 피하기 어려운 분단(分斷), 즉 용도나 형태와 사회적 가치와의 분단을 기점으로 하고 있다. 그러한 조건이 건축적 대립에까지 도달할 때, 희열(喜悅)과 폭력의 새로운 관계가 필연적으로 발생한다고 한다.

이접(Disjunction)

– 이접(離接) : 절단하는 행위 혹은 절단되고 있는 상태, 분리, 분열. 선언명제(選言命題)에 있어서의 용어의 관계.

미셸 푸코는 새로운 분야의 출현에 대해, "자연과 문화간의 불연속 혹은 경계, 각 사회나 각 개인에 의해 발견되는 균형이나 해결책의 상호적 불가환성(不可換性), 중간 형태의 부재, 공간 혹은 시간에 있어 실제로 존재하는 불연속성이라는 것을 우리가 파악 가능토록 하는 여러 가지 개념을 어떻게 상술할 것인가"라고 말하고 있다. 20세기에 있어서 가끔 한탄해 온, 인간과 물체, 물체와 사상, 사상과 공간, 존재와 의미간의 분리는 의지할 여지도 없이 통일성의 상실을 더욱 더 확고히 하고 있다. 이러한 분리는 궁극적으로 건축의 정적인 정의에 대해 동적인 개념의 제기(提起), 건축을 그 한계까지 밀어붙이는 과도한 움직임 등 극한적 순간을 의미한다.

변환(Transformation)

변환의 연쇄적(連鎖的) 전개 순서는 장치의 이용 혹은 압축, 삽입, 이동 등의 변환 법칙에 의해 강하게 할 수 있다.

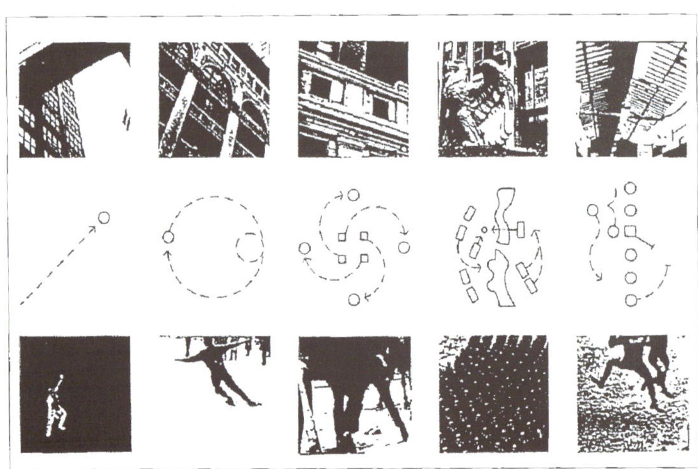

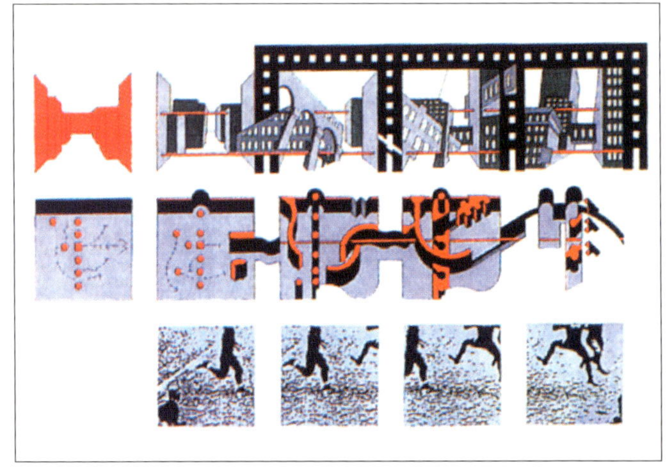

장치(Device)

- 장치 : 연구, 발명, 창의를 발휘하는 행위 또는 그 능력. 그 성과물, 발명, 고안.
- 장치화 : 계획이나 설계를 발주하는 것, 계획, 고안, 심사숙고, 구상, 발명.

자율적 형태는 모두(기능적 혹은 재료적 제약의 결과로서의 형태에 대한는 것으로서) 이 장치의 의식적 사용이 요구된다(제멋대로인 자의(恣意)에 빠져지지 않는 다는 조건에서이지만). 장치는 전개 순서에 있어서 극한적인 형태 조작을 가능하게 한다. 그러나 이러한 것도, 동질인 골조의 내용은 혼합, 중첩, 용명(溶明), 절단되는 것에 의해 서술적 전개 순서에 무한의 가능성을 부여하는 것이 가능하다. 그 한계에 있어서, 이러한 내부적 조작은 반복, 조합, 왜곡, "용해" 그리고 삽입이라는 형태적 전략에 따라 분류할 수가 있다.

어떤 변환 장치(반복, 왜곡 등)도 공간에 대해서 동일하게 그리고 독립해서 적용할 수가 있다. 이렇게 해서 사실의 부가적 전개(제1의 중정에서는 댄스, 제2에서는 싸움, 제3에서는 스케이트 등)를 수반한 공간의 반복적 전개를 행하는 것(베를린 블록에 있어서의 연속하는 중정)이 가능해진다.

해체(Deconstruction)

그런 장치의 추상(抽象)에도 불구하고, 전사(轉寫)는 일반적으로, 이미 존재하고 있는 현실, 해체되는 대로 변환되어 가야 할 현실을 전제로 하고 있다. 여기에서는 거리로부터 그 요소가 분리되어 테두리가 붙여져서 "섭취"된다(그러나, 전사의 역할은 무엇인가를 재현하는 일은 결코 없다. 모방은 아닌 것이다.).

현실(Reality)

발생원(發生源)으로서의 초원적 형태(Primary form)로부터 출발하는 것은, 역사주의나 절충주의에의 회귀를 의미하는 것은 아니다. 그 대신에 건축적 사인(Signs)의 본질을 계속해서 질문하면서 추상적 개념의 한리적 구조물처럼 같은 시대에 주어진 현실의 단편에 의한 유희를 시도하려 하고 있다. 이러한 단편(사진작가의 카메라 렌즈를 통해 파악된 것 등)은 사상적, 문화적 관심을 당연히 불러일으킨다. 그러나 그 단편에 의해 과거에 대한 기존의 인유(引喩)를 만들어 내는 것과는 완전히 다르며, 단편은 건축 구성물의 일부로서 ─중립적, 즉물적, 무감각인 것─로서만 단지 받아들일 수 있는 것이다.

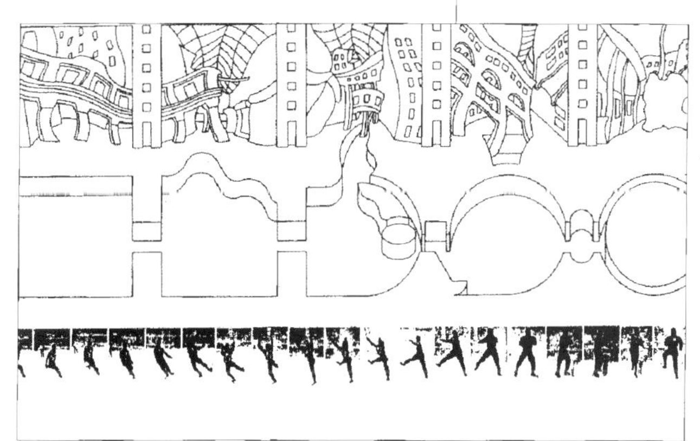

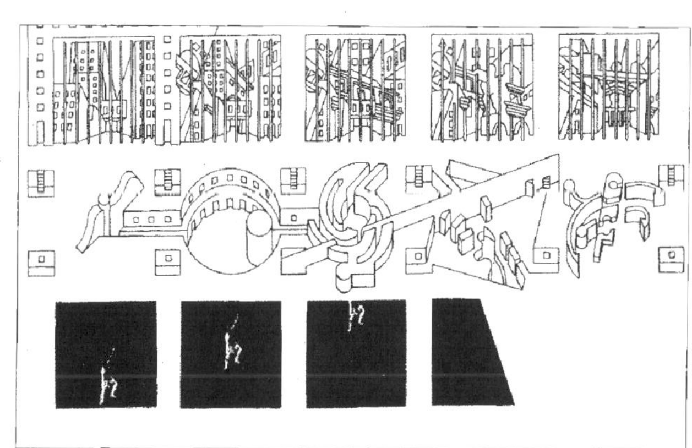

사 진(P h o t o g r a p y)

건축의 구성물에 대한 분석은 ("해체") 모두, 그 구성물 그 자신을 통해서보다는, 방증(傍證)에
의해 행해지는 것일 것이다. 평면도, 지도, 액소노메트릭 등 일반 건축 표기에 이용되는 방법과
비교하여, 현존하고 있는 건물의 투시도 묘사는 사진에 의한 기록과 함께 성립하고 있다. 즉,
사진은 건축적 이미지의 근원으로서 작용하는 것이 된다. 투시도 이미지는 이미 3차원적 기술
양식이 아니라, 현대의 사진 감각을 그대로 확장한 것이다.

사상(事象)의 사진(건축의 사진에 대해서) : 사진에 있어서 내부논리는 그것이 다양한 형태로
기능할 수 있는 일을 나타내고 있다. 그것은 첫 번째로, 사상(事象)이나 인간과 관계하면서 건
축적 프로그램에 대한 은유로 작용한다. 두 번째로, 사진은 각각 독립해서 읽어낼 수가 있다,
즉 사진 한 장 한 장이, 병렬된 도면과는 별개로 하나의 자율성을 갖고 있기 때문이다. 세 번

째로, 사실의 비유적 내용에 의해 하나의 세계(게임)에 있어서 일련의 움직임에 존재하는 중립
적 논리를 억지로 혼란시킬 수가 있어 거기에 따라 완전히 주관적 해석을 한다. 마지막으로,
사진은 다양하게 해체되거나 재구성되어 혼성적 활동의 아이디어를 나타내 주는 것이다.

영화(The Cinema)

전사(轉寫)의 일과성은 영화 등의 유추(analogy)를 필연적으로 시사한다. 일반적인 20세기의
감각을 뛰어넘어, 전사(轉寫)도 영화도 프레임 기술의 프레임, 행동의 순간인 동결에 의한 분
리라는 것을 공유하고 있다. 양자에 있어 공간은 구성되는 것만이 아닌 장면에서 장면으로, 그
각 장면의 의미가 전체 문맥에 의거하도록 전개되어 가는 것이다(공간과 사상(事象)과의 특수
한 관계 외에, 영화의 역사는 새로운 서술과 편집 장치에 관해 풍부하게 창의 넘치는 카탈로
그도 제공해 준다.).

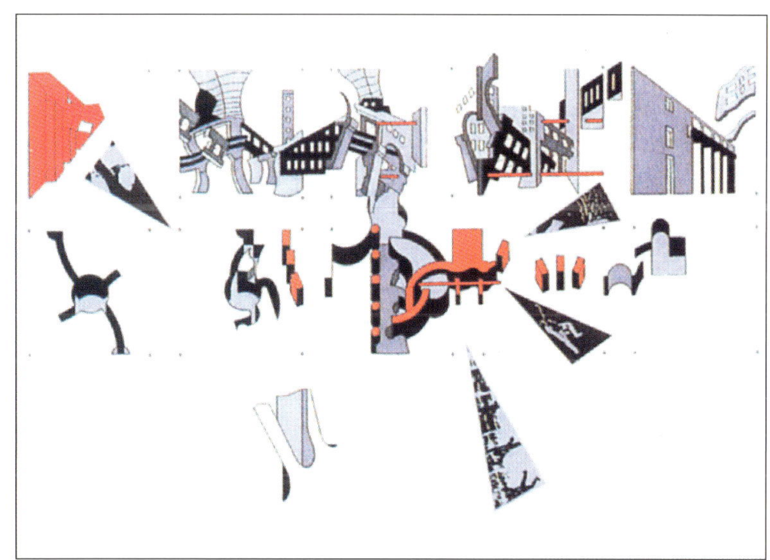

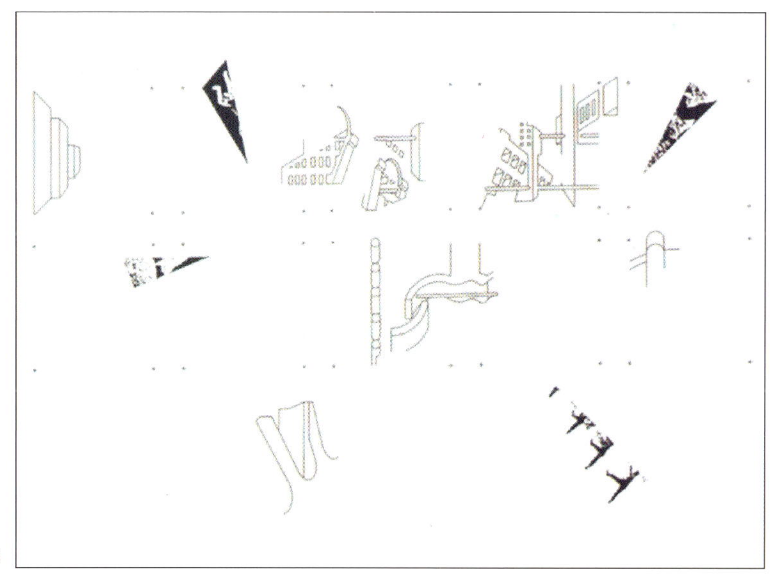

SAINT OMER
SAINT OMER
BRASSERIE

LE FRESNOY